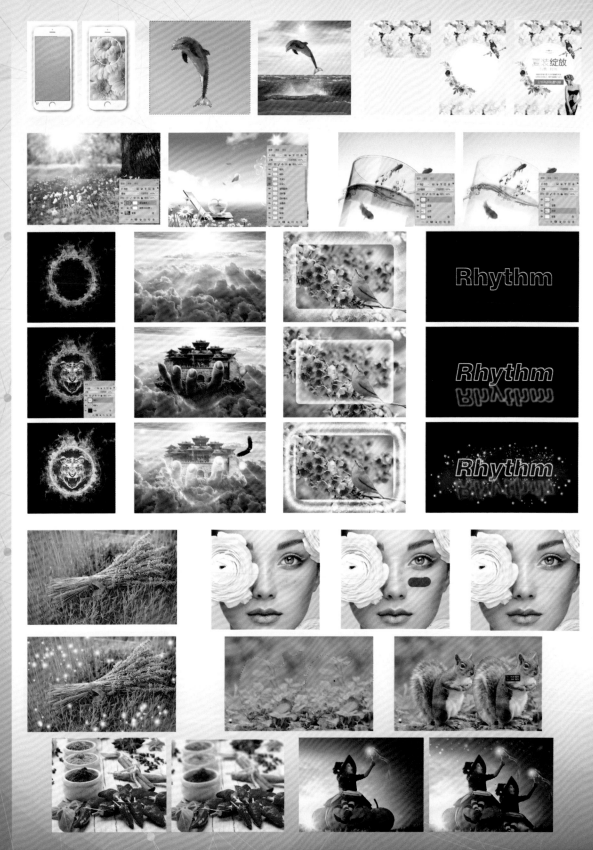

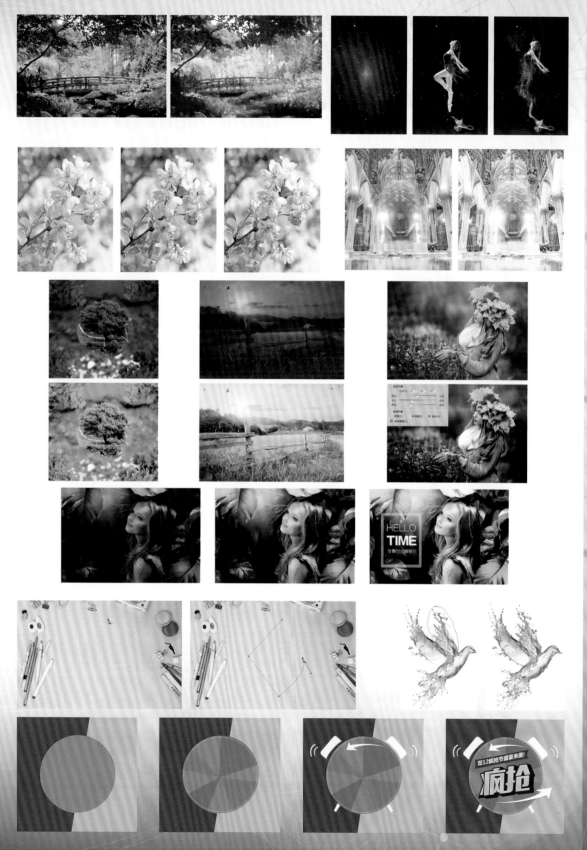

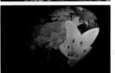

高等学校计算机应用规划教材

Photoshop CC 2017
图像处理标准教程

申灵灵　高鹏　编著

清华大学出版社

北　京

内 容 简 介

本书作为 Photoshop 的标准教程,以循序渐进的方式详细地讲解了 Photoshop 在图像基本操作、编辑图像、调整色彩、选区、绘画、图像修饰、路径、文字、蒙版、通道、滤镜、动作等方面的核心功能和应用技巧。全书共 16 章,第 1~2 章介绍了平面图像处理的相关知识;第 3~15 章介绍了 Photoshop 软件的核心功能,并配以大量实用的操作练习和实例,让读者在轻松的学习中快速掌握软件的使用技巧,同时达到对软件知识学以致用的目的;第 16 章主要讲解了 Photoshop 在平面图像处理方面的综合案例。

本书内容丰富、结构合理、思路清晰、语言简洁流畅、实例丰富。本书适合广大 Photoshop 初学者和从事平面图像处理工作的人员使用,同时也适合作为相关院校平面图像处理专业课程的教材和 Photoshop 自学者的参考书。

本书的电子课件、实例源文件、习题答案和模拟试卷可以到 http://www.tupwk.com.cn 网站下载。

图书在版编目(CIP)数据

Photoshop CC 2017 图像处理标准教程 / 申灵灵,高鹏编著. —北京:清华大学出版社,2017
(高等学校计算机应用规划教材)
ISBN 978-7-302-47933-8

Ⅰ. ①P… Ⅱ. ①申… ②高… Ⅲ. ①图像处理软件—高等学校—教材 Ⅳ. ①TP391.413

中国版本图书馆 CIP 数据核字(2017)第 193574 号

责任编辑:胡辰浩 袁建华
装帧设计:牛静敏
责任校对:成凤进
责任印制:李红英

出版发行:清华大学出版社
　　网　　址:http://www.tup.com.cn,http://www.wqbook.com
　　地　　址:北京清华大学学研大厦 A 座　　　　邮　　编:100084
　　社 总 机:010-62770175　　　　　　　　　　邮　　购:010-62786544
　　投稿与读者服务:010-62776969,c-service@tup.tsinghua.edu.cn
　　质 量 反 馈:010-62772015,zhiliang@tup.tsinghua.edu.cn
　　课 件 下 载:http://www.tup.com.cn,010-62796045
印 装 者:清华大学印刷厂
经　　销:全国新华书店
开　　本:185mm×260mm　印　张:22.25　彩　插:2　字　　数:570 千字
版　　次:2017 年 9 月第 1 版　　　　　　　　　　印　　次:2017 年 9 月第 1 次印刷
印　　数:1~4000
定　　价:48.00 元

产品编号:072958-01

前　言

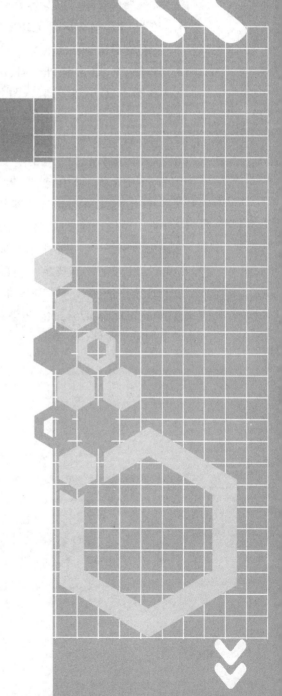

　　Photoshop 是 Adobe 公司推出的图形图像处理软件，其功能强大、操作方便，是当今功能最强大、使用范围最广泛的平面图像处理软件之一，备受用户的青睐。

　　本书从图像处理初、中级读者的角度出发，合理安排知识点，运用简洁流畅的语言，结合丰富实用的练习和实例，由浅入深地讲解 Photoshop 在平面图像处理中的应用，让读者可以在最短的时间内学习到最实用的知识，轻松掌握 Photoshop 在平面图像处理专业领域中的应用方法和技巧。

　　本书共 16 章，包括以下章节和主要内容。

- 第 1 章和第 2 章主要介绍平面图像处理的相关知识。

- 第 3 章～第 6 章主要介绍 Photoshop 的基本操作、图像编辑、填充图像色彩、选区的创建和编辑等。

- 第 7 章和第 8 章主要讲解图层的应用。包括图层的创建、编辑图层、图层不透明度、图层混合模式、调整图层、图层混合和图层样式等内容。

- 第 9 章主要讲解绘制图像、修饰和编辑图像。包括各种绘制工具的应用，修复工具的应用，以及图像的编辑和擦除等。

- 第 10 章主要讲解调整色彩与色调。包括色域和溢色概念、调整图像色彩、调整图像明暗度、调整图像特殊颜色等。

- 第 11 章和第 12 章主要讲解路径和文字的应用。包括利用钢笔工具、选区和形状创建路径，路径的描边和填充，创建与设置文字等。

- 第 13 章主要讲解蒙版和通道的应用。包括通道和蒙版的创建、编辑及应用。

- 第 14 章主要讲解滤镜的应用。包括常用滤镜的设置与使用、滤镜库的使用方法、智能滤镜的使用，以及各类常用滤镜的功能详解。

- 第 15 章主要介绍图像编辑自动化。学习动作的作用与"动作"面板的用法，掌握进行自动化处理图像的操作方法。

- 第 16 章主要讲解 Photoshop 在平面图像处理中的综合应用。

本书内容丰富、结构清晰、图文并茂、通俗易懂，适合以下读者学习使用。

(1) 从事平面设计、图像处理的工作人员。

(2) 对广告设计、图片处理感兴趣的爱好者。

(3) 大中专院校相关专业的学生。

本书分为 16 章，其中南京邮电大学的申灵灵编写了第 1~7 章，黑龙江财经学院的高鹏编写了第 8~16 章。另外，参加本书编写的人员还有安辉、冯志忠、刘保芳、蔡小爱、刘训星、张小奇、胡敏、何学成、张海民、袁婷婷、刘钊颖、王玉、薛琛、刘煜、李泽峰、陈华东、王田田、李健男、艾欣和林桂妃等。我们真切希望读者在阅读本书之后，不仅能开拓视野，还可以增长实践操作技能，并能够学习和总结操作的经验和规律，从而达到灵活运用的水平。鉴于编者水平有限，书中纰漏和考虑不周之处在所难免，欢迎读者予以批评、指正。我们的邮箱是 huchenhao@263.net，电话是 010-62796045。

本书的电子课件、实例源文件、习题答案和模拟试卷可以到 http://www.tupwk.com.cn 网站下载。

作　者

2017 年 5 月

目　录

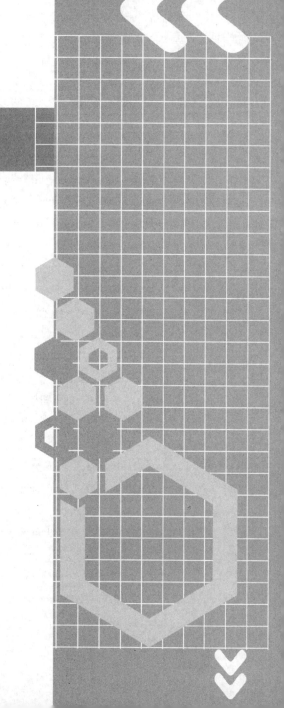

第 1 章

平面设计基础

　　设计是一种工作或职业，是一种具有美感、使用与纪念功能的造型活动。设计是建立在商业和大众基础之上的，为他们而服务，从而产生商业价值和艺术价值，有别于艺术的个人或部分群体性欣赏范围。平面设计是沟通传播、风格化和通过文字和图像解决问题的艺术。本章将介绍平面设计的相关知识。

1.1　平面设计的基本概念

平面设计泛指具有艺术性和专业性的设计过程，以及最后完成的作品，是以"视觉"作为沟通和表现的方式，通过多种方式来创造和结合符号、图片和文字，借此做出用来传达想法或讯息的视觉表现。平面设计人员可以利用字体排印、视觉艺术、版面、电脑软件等方面的专业技巧，来达到创作计划的目的。

平面设计是将作者的思想以图片的形式表达出来。可以将不同的基本图形，按照一定的规则在平面上组合成图案，也可以使用手绘方法进行创作。平面设计主要在二度空间范围之内以轮廓线划分图与地之间的界限，描绘形象，而平面设计所表现的立体空间感，并非实在的三度空间，仅仅是图形对人的视觉引导作用形成的幻觉空间。

1.2　平面设计的基本类型

根据商业用途划分，平面设计可以分为平面媒体广告设计、POP 广告设计、包装设计、海报设计、DM 广告设计、VI 设计、书籍装帧设计、网页设计这 8 种基本类型。

1.2.1　平面媒体广告设计

报纸、杂志等传统媒体通过单一的视觉、单一的维度传递信息，相对于电视、互联网等媒体通过视觉、听觉等多维度地传递信息，称作平面媒体，而电视、网络等称作立体媒体。平面媒体广告设计通常包括报纸、杂志等传统媒体广告等设计。

1.2.2　POP 广告设计

POP(Point Of Purchase)意为"卖点广告"，又称为"店头陈设"，是一个具有立体空间的和流动的广告设计，以摆设在店头的展示物为主，如吊牌、海报、小贴纸、纸货架、展示架、纸堆头、大招牌、实物模型、旗帜等，都是 POP 的范围内。其主要商业用途是刺激引导消费和活跃卖场气氛。

常用的 POP 为短期的促销使用，它的形式有户外招牌、展板、橱窗海报、店内台牌、价目表、吊旗、甚至是立体卡通模型等。其表现形式夸张幽默，色彩强烈，能有效地吸引顾客的视点唤起购买欲，它作为一种低价高效的广告方式已被广泛应用。

1.2.3　包装设计

包装是品牌理念、产品特性、消费心理的综合反映，它直接影响到消费者的购买欲。包装是建立产品与消费者亲和力的有力手段。

包装作为实现商品价值和使用价值的手段，在生产、流通、销售和消费领域中，发挥着极其重要的作用，是企业界、设计者不得不关注的重要课题。包装的功能是保护商品、传达商品信息、方便使用、方便运输、促进销售、提高产品附加值。包装作为一门综合性学科，具有商品和艺术相结合的双重性。

1.2.4　海报设计

海报又称招贴，是一种信息传递的艺术，是一种大众化的宣传工具。海报是贴在街头墙上，挂在橱窗里的大幅画作，以其醒目的画面吸引路人的注意。

海报设计是基于计算机平面技术应用基础之上的，该技术的主要特征是对图像、文字、色彩、版面、图形等表达广告的元素，结合广告媒体的使用特征，通过相关设计软件来为实现表达广告目的和意图，所进行平面艺术创意性的一种设计活动或过程。

1.2.5　DM 广告设计

DM 广告直接将广告信息传递给真正的受众，具有强烈的选择性和针对性，其他媒介只能将广告信息笼统地传递给所有受众，而不管受众是否是广告信息的目标对象。DM 广告不同于其他传统广告媒体，它可以有针对性地选择目标对象，做到有的放矢，减少浪费。

1.2.6　VI 设计

VI(Visual Identity)通译为视觉识别系统，是 CIS(Corporate Identity System，企业形象识别系统)最具传播力和感染力的部分。是将 CI 的非可视内容转化为静态的视觉识别符号，以无比丰富的多样的应用形式，在最为广泛的层面上，进行最直接的传播。

1.2.7　书籍装帧设计

书籍装帧设计是指从书籍文稿到成书出版的整个设计过程，也是完成从书籍形式的平面化到立体化的过程，它包含了艺术思维、构思创意和技术手法的系统设计，书籍的开本、装帧形式、封面、腰封、字体、版面、色彩、插图，以及纸张材料、印刷、装订及工艺等各个环节的艺术设计。在书籍装帧设计中，只有从事整体设计的才能称之为装帧设计或整体设计，只完成封面或版式等部分设计的，只能称作封面设计或版式设计等。

1.2.8　网页设计

网页设计(Web Design，又称为 Web UI Design，WUI Design，WUI)，是根据企业希望向浏览者传递的信息(包括产品、服务、理念、文化)进行网站功能策划，然后进行的页面设计美化工作。作为企业对外宣传物料的其中一种，精美的网页设计，对于提升企业的互联网品牌形象至关重要。

网页设计一般分为三大类：功能型网页设计(服务网站软件用户端)、形象型网页设计(品牌形象站)、信息型网页设计(门户站)。

1.3 平面设计的基本要素

平面设计过程中，文案、图案和色彩是需要考虑的三个基本要素，由此构成的平面设计作品视觉传达的目的在于形成人们之间的信息交流。

1.3.2 文案要素

文字是平面设计中不可缺少的构成要素，文字配合图案要素来实现广告主题的创意，具有引起注意、传播信息、说服对象的作用。文案要素包括标题、正文、广告语、附文 4 个要素。

1. 标题

标题是表达广告主题的文字内容。应具有吸引力，能使读者注目，引导读者阅读广告正文，观看广告插图。标题是画龙点睛之笔，因此，在平面设计中，标题要用较大号字体，要安排在广告画最醒目的位置，应注意配合插图造型的需要。

2. 正文

正文是说明设计内容的文本，基本上是标题的拓展。正文具体地叙述真实的事实，使读者心悦诚服地走向广告宣传的目标。

3. 广告语

广告语是配合广告标题、正文，加强商品形象的短语。应顺口易记，要反复使用，使其成为"文章标志"、"言语标志"。广告语必须言简意赅，在设计时可以放置在版面的任意位置。

4. 附文

附文包括广告的公司名称、地点、邮编、电话和传真号码等内容，它是为了方便大众与广告主取得联系，以便购买商品，也是整个广告不可缺少的部分，通常被安排在整个版面下方较为次要的位置。

1.3.2 图案要素

在平面设计中，图案具有形象化、具体化、直接化的特性，它能够形象地表现设计主题和创意，是平面设计主要的构成要素，对设计理念的陈述和表达起着决定性的作用。因此，设计者在决定了设计主题后，就要根据主题来选取和运用合适的图案。

图案可以是黑白画、喷绘插画、绘画插画、摄影作品等，图案的表现形式可以有写实、象征、漫画、卡通、装饰、构成等手法。图案在选取上要考量图案的主题、构图的独特性，只有别具一格、突破常规的图案才能迅速捕获观众的注意力，便于公众对设计主题的认识、理解与记忆。

在版面视觉化过程中，图案的安排和搭配同样非常重要。在不同的平面设计形式中，一个整版需要多少张图案，图案之间的大小搭配如何处理，都是设计人员需要考虑的地方。一般来说，在多张图的情况下，一个版必须要有一张大图，通常要求这张图占据整个版面三分之一甚至二分之一的面积，其他图相应做小，以形成众星捧月的态势，凸显出主打图案的冲击力和感染力。

1.3.3　色彩要素

色彩在平面设计中具有迅速诉诸感觉的作用，它与公众的生理和心理反应密切相关。公众对平面设计作品的第一印象是通过色彩而得到的，色彩的艳丽、典雅、灰暗等感觉影响着公众对设计作品的注意力，比如鲜艳、明快、和谐的色彩组合会对观众产生较强吸引力，陈旧、破碎的用色会导致公众产生晦暗的印象，而不易引起注意。因此，色彩在平面设计作品上有着特殊的诉求力，直接影响着作品情绪的表达。

设计师必须懂得用色彩来和观众沟通。在色彩配置和色彩组调设计中，设计师要把握好色彩的冷暖对比、明暗对比、纯度对比、面积对比、混合调和、面积调和、明度调和、色相调和、倾向调和等，色彩组调要保持画面的均衡、呼应和色彩的条理性，画面有明确的主色调。通过色彩的基本性格表达设计理念，从而赋予作品设计个性；其次，设计者在运用色彩时，要让色彩突显设计意图。

运用色彩的表现力，如同为广告版面穿上漂亮鲜艳的衣服，能增强广告注目效果。从整体效果上，有时为了塑造更集中、更强烈、更单纯的广告形象，以加深消费者的认识程度，便可针对具体情况，对某一个或几个对象进行夸张和强调。

1.4　平面设计常用规格

在平面设计中，各类物品通常都有一个标准的尺寸。本节就主要物品的尺寸和纸张规格进行介绍。

1.4.1　常见广告物品尺寸

在平面设计中，常见广告物品包括名片、折页广告、宣传册、招贴画、挂旗、桌旗、胸牌等，各类尺寸如下。

1. 名片

横版：90 mm×55mm(方角)；85 mm×54mm(圆角)
竖版：50 mm×90mm(方角)；54 mm×85mm(圆角)
方版：90 mm×90mm；90 mm×95mm

2. 三折页广告

标准尺寸：(A4 标准)210mm×285mm

3. 普通宣传册

标准尺寸：(A4 标准)210mm×285mm

4. 文件封套

标准尺寸：220mm×305mm

5. 招贴画

标准尺寸：540mm×380mm

6. 挂旗

标准尺寸：(8 开标准)376mm×265mm
标准尺寸：(4 开标准)540mm×380mm

7. 手提袋

标准尺寸：400mm×285mm×80mm

8. 信纸、便条

标准尺寸：185mm×260mm；210mm×285mm

9. 信封

小号：220 mm×110mm
中号：230 mm×158mm
大号：320 mm×228mm

10. 桌旗

210 mm×140mm (与桌面成 75 度夹角)

11. 竖旗

750 mm×1500mm

12. 大企业司旗

1440 mm×960mm；960 mm×640mm(中小型)

13. 胸牌

大号：110 mm×80mm

小号：20 mm×20 mm(滴塑徽章)

1.4.2 常用纸张规格

印刷品的种类繁多，各类印刷品使用的要求以及印刷方式各有不同，因此必须根据使用与印刷工艺的要求及特点去选用相应的纸张。现将一些印刷品常用纸张的用途、品种及规格罗列如下，供设计人员、出版业务人员参照选用。

1. 胶版纸

胶版纸主要供平版(胶印)印刷机或其他印刷机印制较高级彩色印刷品时使用，如彩色画报、画册、宣传画、彩印商标及一些高级书籍封面、插图等。胶版纸按纸浆料的配比分为特号、1号和2号三种，有单面和双面之分，还有超级压光与普通压光两个等级。

胶版纸伸缩性小，对油墨的吸收性均匀、平滑度好，质地紧密不透明，白度好，抗水性能强。应选用结膜型胶印油墨和质量较好的铅印油墨。油墨的粘度也不宜过高，否则会出现脱粉、拉毛现象。还要防止背面粘脏，一般采用防脏剂、喷粉或夹衬纸。

- 重量：50，60，70，80，90，100，120，150，180(g/m^2)
- 平板纸规格：787×1092，850×1168，880×1230(mm)
- 卷筒纸规格：宽度787，1092，850

2. 铜版纸

铜版纸又称涂料纸，这种纸是在原纸上涂布一层白色浆料，经过压光而制成的。铜版纸有单、双面两类。纸张表面光滑，白度较高，纸质纤维分布均匀，厚薄一致，伸缩性小，有较好的弹性和较强的抗水性能和抗张性能，对油墨的吸收性与接收状态良好。铜版纸主要用于印刷画册、封面、明信片、精美的产品样本以及彩色商标等。

- 重量：70，80，100，105，115，120，128，150，157，180，200，210，240，250(g/m^2)
- 平板纸规格：648×953(mm)，787×970，787×1092(目前国内尚无卷筒纸)。889×1194为进口铜版纸规格。

3. 画报纸

画报纸的质地细白、平滑，用于印刷画报、图册和宣传画等。

- 重量：65，90，120(g/m^2)
- 平板纸规格：787×1092(mm)

4. 压纹纸

压纹纸是专门生产的一种封面装饰用纸。纸的表面有一种不十分明显的花纹。颜色分灰、绿、米黄和粉红等色，一般用来印刷单色封面。压纹纸性脆，装订时书脊容易断裂。印刷时纸张弯曲度较大，进纸困难，影响印刷效率。

- 重量：150～180 g/m^2
- 平板纸规格：787×1092

5. 白版纸

白版纸伸缩性小，有韧性，折叠时不易断裂，主要用于印刷包装盒和商品装潢衬纸。在书籍装订中，用于精装书的里封和精装书籍中的径纸(脊条)等装订用料。

白版纸按纸面分有粉面白版与普通白版两大类。按底层分类有灰底与白底两种。

- 重量： 220，240，250，280，300，350，400 (g/m^2)
- 平板纸规格：787×787，787×1092，1092×1092(mm)

6. 新闻纸

新闻纸也叫白报纸，是报刊及书籍的主要用纸，适用于报纸、期刊、课本、连环画等正文用纸。新闻纸的特点有：纸质松轻、富有较好的弹性；吸墨性能好，这就保证了油墨能较好地固着在纸面上。纸张经过压光后两面平滑，不起毛，从而使两面印迹比较清晰而饱满；有一定的机械强度；不透明性能好；适合于高速轮转机印刷。

新闻纸是以机械木浆(或其他化学浆)为原料生产的，含有大量的木质素和其他杂质，不宜长期存放。保存时间过长，纸张会发黄变脆，抗水性能差，不宜书写等。必须使用印报油墨或书籍油墨，油墨粘度不要过高，平版印刷时必须严格控制版面水分。

- 重量： (49～52)± 2g/m^2
- 平板纸规格：787×1092，850×1168，880×1230(mm)
- 卷筒纸规格：宽度787mm，1092mm，1575mm；长度约6000～8000m

7. 打字纸

打字纸是薄页型的纸张，纸质薄而富有韧性，打字时要求不穿洞，用硬笔复写时不会被笔尖划破。主要用于印刷单据、表格以及多联复写凭证等。在书籍中用作隔页用纸和印刷包装用纸。打字纸有白、黄、红、蓝、绿等色。

- 重量：24～30 g/m^2
- 平板纸规格：787×1092，560×870，686×864，559×864(mm)

8. 拷贝纸

拷贝纸薄而有韧性，适合印刷多联复写本册；在书籍装帧中用于保护美术作品并起美观作用。

- 重量：17～20(g/m^2)
- 平板纸规格：787×1092(mm)

9. 牛皮纸

牛皮纸具有很高的拉力，有单光、双光、条纹、无纹等。主要用于包装纸、信封、纸袋和印刷机滚筒包衬等。

- 平板纸规格：787×1092，850×1168，787×1190，857×1120(mm)

10. 书面纸

书面纸也叫书皮纸，是印刷书籍封面用的纸张。书面纸造纸时加了颜料，有灰、蓝、米黄等颜色。

- 重量：80，100，120(g/m^2)
- 平板纸规格：690×960，787×1092(mm)

1.5　平面设计常用软件

在平面设计中，可以使用的软件很多，其中常用的平面设计软件包括 Photoshop、CorelDRAW 和 Illustrator。

1.5.1　Adobe Photoshop

Adobe Photoshop，简称"PS"，是由 Adobe 公司开发和发行的图像处理软件。Photoshop 主要处理以像素所构成的数字图像。使用其众多的编修与绘图工具，可以有效地进行图片编辑工作。Photoshop 在平面设计中应用最为广泛，无论是图书封面，还是招贴、海报、页面设计，这些平面印刷品通常都需要使用 Photoshop 软件对图像进行处理。

1.5.2　CorelDRAW

CorelDRAW Graphics Suite 是加拿大 Corel 公司的平面设计软件，该软件是 Corel 公司出品的矢量图形制作工具软件，这个图形工具给设计师提供了矢量动画、页面设计、网站制作、位图编辑和网页动画等多种功能。

该图像软件是一套屡获殊荣的图形、图像编辑软件，它包含两个绘图应用程序：一个用于矢量图及页面设计，一个用于图像编辑。这套绘图软件组合带给用户强大的交互式工具，使用户可创作出多种富于动感的特殊效果及点阵图像即时效果。通过 CorelDRAW 全方位的设计及网页功能可以融合到用户现有的设计方案中，灵活性十足。

使用该软件套装，专业设计师及绘图爱好者可以制作简报、彩页、手册、产品包装、标识、网页等。该软件提供的智慧型绘图工具以及新的动态向导可以充分降低用户的操控难度，允许用户更加容易精确地创建物体的尺寸和位置，减少点击步骤，节省设计时间。

1.5.3　Adobe Illustrator

Adobe Illustrator 是一种应用于出版、多媒体和在线图像的工业标准矢量插画的软件，作为一款非常好用的矢量图形处理工具，Adobe Illustrator 广泛应用于印刷出版、海报书籍排版、专业插画、多媒体图像处理和互联网页面的制作等，也可以为线稿提供较高的精度和控制，适合生产任何小型设计到大型的复杂项目。

Adobe Illustrator 作为全球最著名的矢量图形软件，以其强大的功能和体贴用户的界面，已经占据了全球矢量编辑软件中的大部分份额。

尤其基于 Adobe 公司专利的 PostScript 技术的运用，Illustrator 已经完全占领专业的印刷出版领域。无论是线稿的设计者和专业插画家、生产多媒体图像的艺术家、还是互联网网页或在线内容的制作者，使用过 Illustrator 后都会发现，其强大的功能和简洁的界面设计风格只有 Freehand 能相比。

1.6 图像印前准备

完成平面作品的制作后，应根据作品的最终用途对其进行不同的处理，如需要将图像印刷输出到纸张上，则需要做好图像的印前准备。

1.6.1 色彩校准

如果显示器显示的颜色有偏差或者打印机在打印图像时造成的图像颜色有偏差，将导致印刷后的图像色彩与在显示器中所看到的颜色不一致。因此，图像的色彩校准是印前处理工作中不可缺少的一步。

色彩校准包括显示器色彩校准，打印机色彩校准和图像色彩校准。

- 显示器色彩校准：如果同一个图像文件的颜色在不同的显示器或不同时间在显示器上的显示效果不一致，就需要对显示器进行色彩校准。有些显示器自带色彩校准软件，如果没有，用户可以手动调节显示器的色彩。
- 打印机色彩校准：在电脑显示屏幕上看到的颜色和用打印机打印到纸张上的颜色一般不能完全匹配，这主要是因为电脑产生颜色的方式和打印机在纸上产生颜色的方式不同。要让打印机输出的颜色和显示器上的颜色接近，设置好打印机的色彩管理参数和调整彩色打印机的偏色规律是一个重要途径。
- 图像色彩校准：图像色彩校准主要是指图像设计人员在制作过程中或制作完成后对图像的颜色进行校准。当用户指定某种颜色后，在进行某些操作后颜色有可能发生变化，这时就需要检查图像的颜色和当时设置的 CMYK 颜色值是否相同，如果不同，可以通过"拾色器"对话框调整图像颜色。

1.6.2 分色与打样

图像在印刷之前，必须进行分色与打样，这也是印前处理的重要步骤。

- 分色：在输出中心将原稿上的各种颜色分解为黄、品红、青、黑 4 种原色颜色，在计算机印刷设计或平面设计软件中，分色工作就是将扫描图像或其他来源图像的色彩模式转换为 CMYK 模式。

- 打样：印刷厂在印刷之前，必须将所交付印刷的作品交给出片中心进行出片。输出中心先将 CMYK 模式的图像进行青色、品红、黄色和黑色 4 种胶片分色，再进行打样，从而检验制版阶调与色调能否取得良好的再现，并将复制再现的误差及应达到的数据标准提供给制版部门，作为修正或再次制版的依据，打样校正无误后交付印刷中心进行制版、印刷。

1.7　思考练习

1. _____意为"卖点广告"，又称为"店头陈设"，是一个具有立体空间的和流动的广告设计，以摆设在店头的展示物为主。

A. 包装设计　　　　　　　B. POP　　　　　　　C. DM　　　　　　　D. VI

2. _____广告直接将广告信息传递给真正的受众，具有强烈的选择性和针对性。

A. 包装设计　　　　　　　B. POP　　　　　　　C. DM　　　　　　　D. VI

3. 平面设计过程中，_____是需要考虑的 3 个基本要素。

A. 名称、颜色和图案

B. 广告语、图案和标题

C. 广告语、图案和颜色

D. 文案、图案和色彩

4. 平面设计中，文案要素包括_____4 个要素。

A. 文字大小、文字色彩、标题、附文

B. 文字大小、文字色彩、标题、正文

C. 标题、正文、文字大小、字体

D. 标题、正文、广告语、附文

5. 平面设计是指什么？

6. 根据商业用途划分，平面设计可以分为哪几种基本类型？

第**2**章

图像处理基本概念

　　图像处理是使用计算机对图像进行分析，以达到所需结果的技术。在学习运用 Photoshop 进行图像处理之前，首先要对图像的基本概念和色彩模式等知识有所了解。

2.1 图像的分类

以数字方式记录处理和保存的图像文件简称数字图像，是计算机图像的基本类型。数字图像可根据其不同特性分为两个大类：位图和矢量图。

2.1.1 位图

位图也称为点阵图像，是由许多点组成的。其中每一个点即为一个像素，每一个像素都有自己的颜色、强度和位置。将位图尽量放大后，可以发现图像是由大量的正方形小块构成，不同的小块上显示不同的颜色和亮度。位图图像文件所占的空间较大，对系统硬件要求较高，且与分辨率有关。位图的放大对比效果如图 2-1 和图 2-2 所示。

图 2-1　原图 100% 效果　　　　　　　　　图 2-2　放大到 500%的效果

2.1.2 矢量图

矢量图又称向量图，它是以数学的矢量方式来记录图像内容的，其中的图形组成元素被称为对象。这些对象都是独立的，具有不同的颜色和形状等属性，可自由、无限制地重新组合。无论将矢量图放大多少倍，图像都具有同样平滑的边缘和清晰的视觉效果，如图 2-3 和图 2-4 所示。

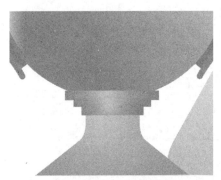

图 2-3　原图 100% 效果　　　　　　　　　图 2-4　放大后依然清晰

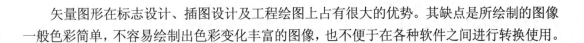

矢量图形在标志设计、插图设计及工程绘图上占有很大的优势。其缺点是所绘制的图像一般色彩简单，不容易绘制出色彩变化丰富的图像，也不便于在各种软件之间进行转换使用。

2.2 图像色彩模式

计算机中存储的图像色彩有许多种模式，不同色彩模式在描述图像时所用的数据位数不同，位数大的色彩模式，占用的存储空间就较大。大部分图像处理软件支持的色彩模式主要包括 RGB 色彩模式、CMYK 色彩模式、灰度模式、Lab 色彩模式等。

2.2.1 RGB 模式

Photoshop 的 RGB 模式为彩色图像中每个像素的 RGB 分量指定一个介于 0(黑色)到 255(白色)之间的强度值。当 RGB 这 3 个分量的值相等时，结果是中性灰色；当 RGB 分量的值均为 255 时，结果是纯白色；当 RGB 分量的值均为 0 时，结果是纯黑色。

RGB 图像通过 3 种颜色或通道，可以在屏幕上重新生成多达 1670 万种颜色。这 3 个通道转换为每像素 24 (8×3) 位的颜色信息。(在 16 位/通道的图像中，这些通道转换为每像素 48 位的颜色信息，具有再现更多颜色的能力。)

2.2.2 灰度(Grayscale)模式

灰度模式使用多达 256 级灰度。灰度图像中的每个像素都有一个 0(黑色)到 255(白色)之间的亮度值。灰度值也可以用黑色油墨覆盖的百分比来度量(0% 等于白色，100% 等于黑色)。使用黑白或灰度扫描仪生成的图像通常以"灰度"模式显示。

2.2.3 CMYK 模式

在 Photoshop 的 CMYK 模式中，为每个像素的每种印刷油墨指定了一个百分比值。为最亮(高光)颜色指定的印刷油墨颜色百分比较低，而为较暗(暗调)颜色指定的百分比较高。

在准备要用印刷色打印图像时，应使用 CMYK 模式。将 RGB 图像转换为 CMYK 即产生分色。如果由 RGB 图像开始，最好先编辑，最后再转换为 CMYK。

2.2.4 位图(Bitmap)模式

位图模式其实就是黑白模式，位图模式的图像只有黑色和白色的像素，通常线条稿采用这种模式。只有双色调模式和灰度模式可以转换为位图模式，如果要将位图图像转换为其他模式，需要先将其转换为灰度模式才可以。

2.2.5　Lab 模式

Lab 颜色是 Photoshop 在不同颜色模式之间转换时使用的中间颜色模式。在 Lab 模式中，亮度分量(L)范围可从 0 到 100。在拾色器中，a 分量(绿色到红色轴)和 b 分量(蓝色到黄色轴)的范围可从-128 到+128。在"颜色"调板中，a 分量和 b 分量的范围可从-120 到+120。

2.3　像素与分辨率

在使用 Photoshop 进行图像处理的过程中，通常会遇到像素和分辨率这两个术语。下面就介绍一下这两个对象的作用。

2.3.1　像素

像素是 Photoshop 中所编辑图像的基本单位。可以把像素看成是一个极小的方形的颜色块，每个小方块为一个像素，也可称为栅格。

一个图像通常由许多像素组成，这些像素被排列成横行和竖行，每个像素都是一个方形。用缩放工具将图像放到足够大时，就可以看到类似马赛克的效果，每个小方块就是一个像素。每个像素都有不同的颜色值。文件包含的像素越多，其所包含的信息也就越多，所以文件越大，图像品质也越好。

2.3.2　分辨率

图像分辨率是指单位面积内图像所包含像素的数目，通常用像素/英寸和像素/厘米表示。分辨率的高低直接影响图像的效果，如图 2-5 和图 2-6 所示。使用太低的分辨率会导致图像粗糙，在排版打印时图片会变得非常模糊；而使用较高的分辨率则会增加文件的大小，并降低图像的打印速度。

图 2-5　分辨率为 300 的效果

图 2-6　分辨率为 50 的效果

2.4　色彩构成

色彩是平面设计中的重要构成部分。一个好的平面设计作品，离不开合理的色彩搭配。进行色彩搭配，就需要了解色彩构成的相关知识。

2.4.1　色彩构成概念

色彩构成是从人对色彩的知觉和心理效果出发，用科学分析的方法，把复杂的色彩现象还原为基本要素，利用色彩在空间、量与质上的可变幻性，按照一定的规律去组合各构成之间的相互关系，再创造出新的色彩效果的过程。色彩构成是艺术设计的基础理论之一，它与平面构成及立体构成有着不可分割的关系，色彩不能脱离形体、空间、位置、面积、肌理等而独立存在。

2.4.2　色彩三要素

色彩是由色相、饱和度、明度 3 个要素组成的，下面介绍一下各元素的特点。

1. 色相

色相是色彩的一种最基本的感觉属性，这种属性可以使人们将光谱上的不同部分区别开来。即按红、橙、黄、绿、青、蓝、紫等色彩感觉区分色谱段。缺失了这种视觉属性，色彩就像全色盲人的世界那样。根据有无色相属性，可以将外界引起的色彩感觉分成两大体系：有彩色系与非彩色系。

- 有彩色系：即具有色相同性的色觉。有彩色系才具有色相、饱和度和明度三个量度。
- 非彩色系：即不具备色相属性的色觉。非彩色系只有明度一种量度，其饱和度等于零。

2. 饱和度

饱和度是那种使我们对有色相属性的视觉在色彩鲜艳程度上做出评判的视觉属性。有彩色系的色彩，其鲜艳程度与饱和度成正比，根据人们使用色素物质的经验，色素浓度愈高，颜色愈浓艳，饱和度也愈高。

3. 明度

明度是那种可以使人们区分出明暗层次的非彩色觉的视觉属性。这种明暗层次决定亮度的强弱，即光刺激能量水平的高低。根据明度感觉的强弱，从最明亮到最暗可以分成 3 段水平：白-高明度端的非彩色觉、黑-低明度端的非彩色宽、灰-介于白与黑之间的中间层次明度感觉。

2.4.3 三原色、间色和复色

现代光学向人们展示了太阳光是由赤、橙、黄、绿、青、蓝、紫 7 种颜色的光组成的。我们可以通过三棱镜或雨后彩虹亲眼观察到这种现象。在阳光的作用下，大自然中的色彩变化是丰富多彩的，人们在这丰富的色彩变化当中，逐渐认识和了解了颜色之间的相互关系，并根据它们各自的特点和性质，总结出色彩的变化规律，并把颜色概括为：原色、间色和复色 3 大类。

- 原色：也叫"三原色"。即红、黄、蓝 3 种基本颜色。自然界中的色彩种类繁多，变化丰富，但这 3 种颜色却是最基本的原色，原色是其他颜色调配不出来的。把原色相互混合，可以调和出其他颜色。
- 间色：又叫"二次色"。它是由三原色调配出来的颜色。红与黄调配出橙色；黄与蓝调配出绿色；红与蓝调配出紫色。橙、绿、紫三种颜色又叫"三间色"。在调配时，由于原色在分量多少上有所不同，所以能产生丰富的间色变化。
- 复色：也叫"复合色"。复色是用原色与间色相调或用间色与间色相调而成的"三次色"。复色是最丰富的色彩家族，千变万化，丰富异常，复色包括除原色和间色以外的所有颜色。

2.4.4 色彩搭配方法

颜色绝不会单独存在，一个颜色的效果是由多种因素来决定的：物体的反射光、周边搭配的色彩、或是观看者的欣赏角度等。下面将介绍 6 种常用的色彩搭配方法，掌握好这几种方法，能够让画面中的色彩搭配显得更具有美感。

- 互补设计：使用色相环上全然相反的颜色，得到强烈的视觉冲击力。
- 单色设计：使用同一个颜色，通过加深或减淡该颜色，来调配出不同深浅的颜色，使画面具有统一性。
- 中性设计：加入一个颜色的补色或黑色使其他色彩消失或中性化。这种颜色设计出来的画面显得更加沉稳、大气。
- 无色设计：不用彩色，只用黑、白、灰 3 种颜色。
- 类比设计：在色相环上任选 3 种连续的色彩，或选择任意一种明色和暗色。
- 冲突设计：在色相环中将一种颜色和它左边或右边的色彩搭配起来，形成冲突感。

2.5 常用的图像格式

Photoshop 共支持 20 多种格式的图像，使用不同的文件格式保存图像，对图像将来的应用起着非常重要的作用。用户可以根据工作环境的不同选用相应的图像文件格式，以便获得最理想的效果。

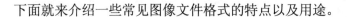

下面就来介绍一些常见图像文件格式的特点以及用途。

2.5.1　PSD 格式

PSD 图像文件格式是 Photoshop 软件生成的格式，是唯一能支持全部图像色彩模式的格式。可以保存图像的图层、通道等许多信息，它是在未完成图像处理任务前，一种常用且可以较好地保存图像信息的格式。

2.5.2　TIFF 格式

TIFF 格式是一种无损压缩格式，是为色彩通道图像创建的最有用的格式。因此，TIFF格式是应用非常广泛的一种图像格式，可以在许多图像软件之间转换。TIFF 格式支持带 Alpha通道的 CMYK、RGB 和灰度文件，支持不带 Alpha 通道的 Lab、索引颜色和位图文件。另外，它还支持 LZW 压缩。

2.5.3　BMP 格式

BMP 格式是微软公司软件的专用格式，也就是常见的位图格式。它支持 RGB、索引颜色、灰度和位图颜色模式，但不支持 Alpha 通道。位图格式产生的文件较大，但它是最通用的图像文件格式之一。

2.5.4　JPEG 格式

JPEG 是一种有损压缩格式，主要用于图像预览及超文本文档，如 HTML 文档等。JPEG格式支持 CMYK、RGB 和灰度的颜色模式，但不支持 Alpha 通道。在生成 JPEG 格式的文件时，可以通过设置压缩的类型，产生不同大小和质量的文件。压缩越大，图像文件就越小，相对的图像质量就越差。

2.5.5　GIF 格式

GIF 格式的文件是 8 位图像文件，最多为 256 色，不支持 Alpha 通道。GIF 格式产生的文件较小，常用于网络传输，在网页上见到的图片大多是 GIF 和 JPEG 格式的。GIF 格式与JPEG 格式相比，其优势在于 GIF 格式的文件可以保存动画效果。

2.5.6　PNG 格式

PNG 格式可以使用无损压缩方式压缩文件，它支持 24 位图像，产生的透明背景没有锯齿边缘，所以可以产生质量较好的图像效果。

2.5.7 PDF 格式

PDF 格式是 Adobe 公司开发的用于 Windows、MAC OS、UNIX 和 DOS 系统的一种电子出版软件的文档格式，适用于不同平台。PDF 文件可以包含矢量和位图图形，还可以包含导航和电子文档查找功能。在 Photoshop 中将图像文件保存为 PDF 格式时，系统将弹出"PDF 选项"对话框，在其中用户可选择压缩格式。

2.5.8 EPS 格式

EPS 可以包含矢量和位图图形，被几乎所有的图像、示意图和页面排版程序所支持，是用于图形交换的最常用的格式。其最大的优点在于可以在排版软件中以低分辨率预览，而在打印时以高分辨率输出。它不支持 Alpha 通道，可以支持裁切路径。

EPS 格式支持 Photoshop 所有的颜色模式，可以用来存储矢量图和位图。在存储位图时，还可以将图像的白色像素设置为透明的效果，它在位图模式下也支持透明。

2.6 思考练习

1. 图像可根据其不同特性分为_____两个大类。
A. 彩色图和黑白图　　　　　　　B. 原图和编辑图
C. 单色图和多色图　　　　　　　D. 位图和矢量图
2. 位图也称为点阵图像，是由许多_____组成的。
A. 面　　　　B. 线　　　　C. 点　　　　D. 色彩
3. RGB 图像通过 3 种_____，可以在屏幕上重新生成多达 1670 万种颜色。
A. 点　　　　B. 通道　　　　C. 颜色　　　　D. 颜色或通道
4. 灰度模式使用多达_____级灰度。灰度图像中的每个像素都有一个_____之间的亮度值。
A. 256、0(黑色)到 255(白色)　　　B. 256、0(白色)到 255(黑色)
C. 300、0(黑色)到 299(白色)　　　D. 300、0(白色)到 299(黑色)
5. 只有_____模式可以转换为位图模式，如果要将位图图像转换为其他模式，需要先将其转换为_____模式才可以。
A. 双色调模式和灰度、灰度　　　　B. RGB 和双色调、RGB
C. RGB 和灰度、RGB　　　　　　D. CMYK 和灰度、灰度
6. 色彩的三要素包括_____。
A. 色相、明度、纯度　　　　　　B. 颜色、明度、纯度
C. 色相、明度、灰度　　　　　　D. 颜色、饱和度、纯度
7. _____图像文件格式是 Photoshop 软件生成的格式，是唯一能支持全部图像色彩模式的格式。
A. BMP　　　　B. TIFF　　　　C. PDF　　　　D. PSD
8. 在色彩搭配中，有哪几种常用的色彩搭配？

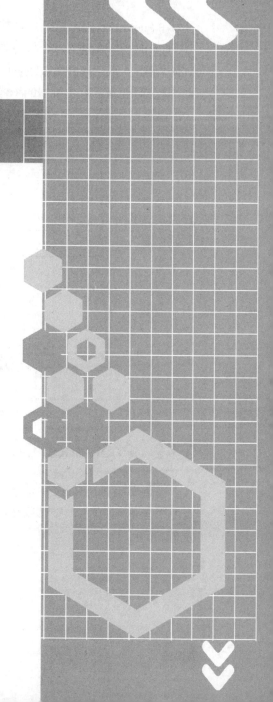

第 3 章

初识Photoshop

　　本章将学习关于 Photoshop 的基础知识和图像文件的基本操作。其中包括认识工作界面、调整图像和画布的大小、如何显示图像等，另外，还介绍了图像处理中的一些辅助设置，通过这些设置能够帮助用户更好地运用软件。

3.1 认识 Photoshop 操作界面

在学习 Photoshop 进行图像处理之前，首先要认识 Photoshop 的启动界面和工作界面，以便在后面能够顺利地学习。

3.1.1 Photoshop CC 2017 启动界面

在 Photoshop CC 2017 中，默认状态下启动后的工作界面与之前的版本略有不同，当用户打开软件后，将进入一个只有菜单栏和打开图像记录的操作界面，如图 3-1 所示。单击左侧的"新建"或"打开"按钮可以新建或打开图像文件，窗口中间显示的图像为之前打开过的图像文件记录，单击所需的图像可以直接打开该文件。

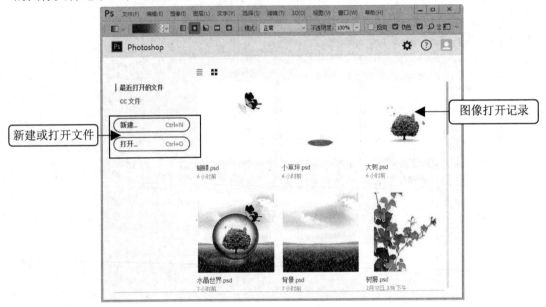

图 3-1　Photoshop CC 2017 启动界面

3.1.2 Photoshop CC 2017 工作界面

当用户在 Photoshop 中新建或打开图像文件后，将进入 Photoshop 工作界面，该界面主要由标题栏、菜单栏、工具属性栏、浮动面板、工具箱、图像窗口和状态栏等部分组成，如图 3-2 所示。

图 3-2　Photoshop 工作界面

1. 菜单栏

Photoshop CC 2017 的菜单包括了进行图像处理的各种命令，共有 11 个菜单项，各菜单项作用如下。

- 文件：在其中可进行文件的操作，如文件的打开、保存等。
- 编辑：其中包含一些编辑命令，如剪切、拷贝、粘贴、撤销操作等。
- 图像：主要用于对图像的操作，如处理文件和画布的尺寸、分析和修正图像的色彩、图像模式的转换等。
- 图层：在其中可执行图层的创建、删除等操作。
- 文字：用于打开字符和段落面板，以及用于文字的相关设置等操作。
- 选择：主要用于选取图像区域，且对其进行编辑。
- 滤镜：包含了众多的滤镜命令，可对图像或图像的某个部分进行模糊、渲染、扭曲等特殊效果的制作。
- 3D：创建 3D 图层，以及对图像进行 3D 处理等操作。
- 视图：主要用于对 Photoshop CC 2017 的编辑屏幕进行设置，如改变文档视图的大小、缩小或放大图像的显示比例、显示或隐藏标尺和网格等。
- 窗口：用于对 Photoshop CC 2017 工作界面的各个面板进行显示和隐藏。
- 帮助：通过它可快速访问 Photoshop CC 2017 帮助手册，其中包括几乎所有 Photoshop CC 2017 的功能、工具及命令等信息，还可以访问 Adobe 公司的站点、注册软件、插件信息等。

选择一个菜单项，会展开对应的菜单及子菜单命令，图 3-3 所示是"图像"菜单中包含的命令。其中灰色的菜单命令表示未被激活，当前不能使用；命令后面的按键组合，表示在键盘中按该键即可执行相应的命令。

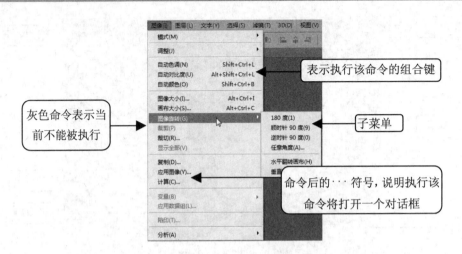

图 3-3 "图像"菜单

2. 工具箱

默认状态下，Photoshop CC 2017 工具箱位于窗口左侧。工具箱中有部分工具的按钮右下角带有黑色小三角形标记 ⬛，表示这是一个工具组，其中隐藏多个子工具。单击并按住其中的工具组按钮，可以展开该工具组中的子工具对象，如选择"裁切工具"，该工具组中的所有子工具如图 3-4 所示。

在使用工具的操作中，用户可以通过单击工具箱上方的双三角形按钮 ▶▶ 按钮将工具箱变为双列方式，如图 3-5 所示。

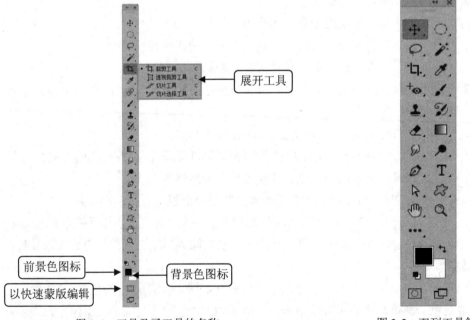

图 3-4　工具及子工具的名称　　　　图 3-5　双列工具箱

3. 工具属性栏

工具属性栏位于菜单栏的下方，当用户选中工具箱中的某个工具时，工具属性栏就会变成相应工具的属性设置。在工具属性栏中，用户可以方便地设置对应工具的各种属性。如图3-6 所示为渐变工具的属性栏。

图 3-6　渐变工具属性栏

4. 控制面板

Photoshop CC 2017 提供了 20 多个控制面板，通常面板是浮动在图像的上方的，而不会被图像所覆盖。默认情况下面板都依附在工作界面的右侧，用户也可以将它拖动到屏幕的任何位置上，通过它可以进行选择颜色、编辑图层、新建通道、编辑路径和撤销编辑等操作。

在"窗口"菜单中可以选择需要打开或隐藏的面板。选择"窗口"|"工作区"|"基本功能(默认)"命令，将得到如图 3-7 所示的面板组合。

单击面板右上方的双三角形按钮▶▶，可以将面板缩小为图标，如图 3-8 所示，要使用缩小为图标的面板时，可以单击所需面板按钮，即可弹出对应的面板，如图 3-9 所示。

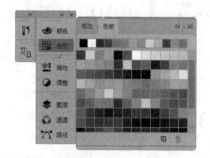

图 3-7　基本功能面板组　　　图 3-8　面板缩略图　　　图 3-9　显示面板

5. 图像窗口

图像窗口是图像文件的显示区域，也是可以编辑或处理图像的区域，如图 3-10 所示。在图像的标题栏中显示文件名称、格式、显示比例、色彩模式、所属通道和图层状态。如果该文件未被存储过，则标题栏以"未命名"并加上连续的数字作为文件的名称。

标题栏 ➤  ◄ 窗口控制按钮

图 3-10　图像窗口

6. 状态栏

图像窗口底部的状态栏会显示图像相关信息。最左端的百分数是显示当前图像窗口的显示比例，在其中输入数值后按 Enter 键可以改变图像的显示比例，中间显示当前图像文件的大小，如图 3-11 所示。

| 50% | 文档:2.00M/2.00M | ＞ |

图 3-11　状态栏

3.2 Photoshop 的文件操作

使用 Photoshop 进行图像处理前，需要掌握 Photoshop 文件的基本操作，主要包括打开、新建、保存和关闭文件等。

3.2.1 新建图像

在制作一幅新的图像文件之前，首先需要建立一个空白图像文件。Photoshop CC 2017 的"新建文档"对话框与之前的版本略有不同。

【练习 3-1】新建一个空白图像文件。

(1) 打开 Photoshop 应用程序，选择"文件"|"新建"命令，或按 Ctrl+N 组合键，打开"新建文档"对话框，如图 3-12 所示。

(2) 在对话框右侧"预设详细信息"栏下方可以输入文件的名称，然后设置文件的宽度、高度、分辨率等信息，如图 3-13 所示，设置好信息后，单击"创建"按钮即可得到自定义图像文件。

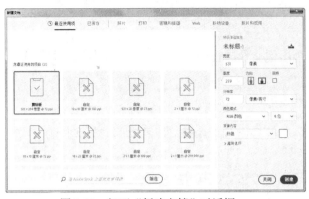 

图 3-12 打开"新建文档"对话框　　　　　图 3-13 设置文件信息

"新建文档"对话框中各选项的含义分别如下。

- ：在该图标左侧单击，可输入文字为新建图像文件进行命名，默认为未标题-X。单击该图标，可以保存设置好尺寸和分辨率等参数的预设信息。
- 宽度和高度：用于设置新建文件的宽度和高度，用户可以输入 1~300000 之间的任意一个数值。
- 分辨率：用于设置图像的分辨率，其单位有像素/英寸和像素/厘米。
- 颜色模式：用于设置新建图像的颜色模式，其中有"位图"、"灰度"、"RGB 颜色"、"CMYK 颜色"、"Lab 颜色"5 种模式可供选择。
- 背景内容：用于设置新建图像的背景颜色，系统默认为白色，也可设置为背景色和透明色。
- 高级：在"高级"选项区域中，用户可以对"颜色配置文件"和"像素长宽比"两个选项进行更专业的设置。

(3) 在"新建文档"对话框上方有一排灰色文字选项，分别是 Photoshop 自带的几种图像规格，如选择"照片"选项，即可在下方显示几种照片文件规格，如图 3-14 所示。

(4) 选择一种文件规格，单击对话框右下方的"创建"按钮即可新建一个图像文件。

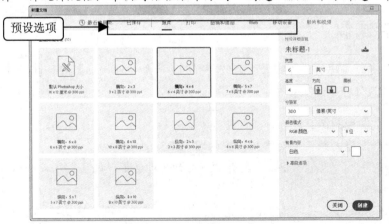

图 3-14 "照片"预设选项

3.2.2 打开图像

Photoshop 允许用户同时打开多个图像文件进行编辑，选择"文件"|"打开"命令，或按 Ctrl+O 组合键可以打开图像文件。

【练习 3-2】打开图像文件。

(1) 选择"文件"|"打开"命令，或按 Ctrl+O 组合键，即可进入"最近打开的文件"面板，如图 3-15 所示。

(2) 与启动界面一样，在该面板中可以预览最近打开过的图像文件，单击所需的文件，即可将其打开。

(3) 单击"最近打开的文件"面板上方的"打开"按钮，即可弹出"打开"对话框，在"查找范围"下拉列表框中找到要打开文件所在的位置，然后选择要打开的图像文件，如图 3-16 所示。

(4) 单击"打开"按钮即可打开选择的文件，如图 3-17 所示。

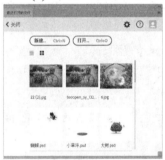 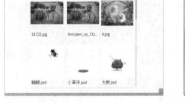 

图 3-15 "最近打开的文件"面板　　　　图 3-16 "打开"对话框　　　　图 3-17 打开的图像

注意：

选择"文件"|"打开为"命令，可以在指定被选取文件的图像格式后将文件打开；选择"文件"|"最近打开文件"命令，可以打开最近编辑过的图像文件。

3.2.3 保存图像

对图像文件进行编辑的过程中，当完成关键的步骤后，应该即时对文件进行保存，以免因为误操作或者意外停电带来损失。

【练习 3-3】保存图像文件。

(1) 新建一个图像文件，然后对文件中的图像进行随意编辑。

(2) 选择"文件"|"存储"命令，打开"另存为"对话框，设置保存文件的路径和名称，如图 3-18 所示。

(3) 单击"保存类型"选项右侧的三角形按钮，在其下拉列表中选择保存文件的格式，如图 3-19 所示。

（4）单击"保存"按钮，即可完成文件的保存操作，以后按照保存文件的路径就可以找到并打开此文件。

图 3-18　打开"另存为"对话框

图 3-19　设置文件类型

注意：

如果是对已存在或已保存的文件进行再次存储，只需要按 Ctrl+S 组合键或选择"文件"|"存储"命令，即可按照原路径和名称保存文件。如果要更改文件的路径和名称，则需要选择"文件"|"存储为"命令，即可打开"另存为"对话框，对保存路径和名称进行重新设置。

3.2.4　导入图像

在 Photoshop 中，用户可以通过选择"文件"|"导入"命令，在其子菜单中选择相应的命令来导入图像，如图 3-20 所示。可以使用数码相机和扫描仪通过 WIA 支持来导入图像，如果使用 WIA 支持，Photoshop 将与 Windows 系统和数码相机或扫描仪软件配合工作，从而将图像直接导入到 Photoshop 中。

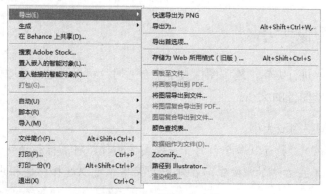

图 3-20　"导入"命令

3.2.5 导出图像

导出命令可以将 Photoshop 中所绘制的图像或路径导出到相应的软件中。选择"文件"|"导出"命令，在其子菜单中可以选择相应的命令，如图 3-21 所示。用户可以将 Photoshop 文件导出为其他文件格式，如 Illustrator 格式等，除此之外，还能够将视频导出到相应的软件中进行编辑。

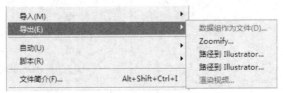

图 3-21　"导出"命令

3.2.6 关闭图像

当用户编辑和绘制好一幅图像文件后需要保存，已经保存的图像文件可以关闭，这样可以不占用软件内存，让运行速度更快。关闭当前的图像窗口可以使用如下几种方法。

● 单击图像窗口标题栏最右端的"关闭"按钮 ✕ 。
● 选择"文件"|"关闭"命令。
● 按 Ctrl+W 组合键。
● 按 Ctrl +F4 组合键。

3.3　设置图像和画布大小

为了更好地使用 Photoshop 绘制和处理图像，用户还应该掌握一些图像的常用调整方法，其中包括图像和画布大小的调整，以及图像方向的调整等。

3.3.1 设置图像大小

用户对图像文件进行编辑，遇到图像大小不合适时，可以通过改变图像的像素、高度、宽度和分辨率来调整图像的大小。

【练习 3-4】调整图像大小。

(1) 选择"文件"|"打开"命令，打开一幅图像文件，将鼠标移动到当前图像窗口底端的文档状态栏中，单击右侧的 ＞ 按钮，在弹出的菜单中可以选择状态栏中显示的类型，如图 3-22 所示。

(2) 默认情况下选择的是"文档大小"选项，在状态栏中按住鼠标左键不放，可以显示出当前图像文件的宽度、高度、分辨率等信息，如图 3-23 所示。

图 3-22　显示图像文件信息

图 3-23　设置图像大小

(3) 选择"图像"|"图像大小"命令，或按 Ctrl+Alt+I 组合键，打开"图像大小"对话框，在此可以重新设置图像的大小，如图 3-24 所示。

(4) 完成图像大小的设置后，单击"确定"按钮，即可调整图像的大小，在文档状态栏中可以查看调整后的信息，如图 3-25 所示。

图 3-24　"图像大小"对话框

图 3-25　调整后的图像

- 图像大小：显示当前图像的大小。
- 尺寸：显示当前图像的长宽值，单击选项中的下拉按钮，可以设置图像长宽的单位。
- 调整为：可以在右方的下拉列表中直接选择图像的大小。
- 宽度/高度：可以设置图像的宽度和高度。
- 分辨率：选中该选项，设置图像分辨率的大小。
- 限制长宽比：默认情况下，图像是按比例进行缩放，单击该按钮，将取消限制长宽比，图像可以不再按比例进行缩放，可以分别修改宽度和高度。

3.3.2　设置画布大小

图像画布大小是指当前图像周围工作空间的大小。使用"画布大小"命令可以精确地设置图像画布的尺寸。

【练习 3-5】改变画布大小。

(1) 打开一幅图像文件，选择"图像"|"画布大小"命令，或右击图像窗口顶部的标题

栏，在弹出的快捷菜单中选择"画布大小"命令，如图 3-26 所示。

(2) 打开"画布大小"对话框，可以在"当前大小"中查看图像的宽度和高度参数。在"定位"栏中单击箭头指示按钮，以确定画布扩展方向，然后在"新建大小"栏中输入新的宽度和高度，如图 3-27 所示。

图 3-26　选择"画布大小"命令　　　　图 3-27　定位和设置画布大小

(3) 在"画布扩展颜色"下拉列表中可以选择画布的扩展颜色，或者单击右方的颜色按钮，打开"拾色器(画布扩展颜色)"对话框，在该对话框中可以设置画布的扩展颜色，如图 3-28 所示。

(4) 单击"确定"按钮，即可得到修改后的画布大小，选择横排文字工具在其中输入文字，效果如图 3-29 所示。

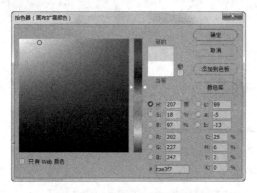

图 3-28　设置画布扩展颜色　　　　图 3-29　修改画布大小

3.4　图像显示控制

在编辑图像的过程中，对图像进行放大或缩小显示能够更好地对图像应用各种操作。下面分别介绍图像显示的控制方式。

3.4.1 100%显示图像

当新建或打开一个图像时，图像一般以适应于界面的大小显示，该图像所在的图像窗口底部状态栏下的左侧数值框中会显示当前图像的显示百分比，如图 3-30 所示。

要将图像显示为 100%比例，有以下几种常用方法。

- 在图像窗口状态栏左侧数字框中输入 100%，即可得到 100%显示图像。
- 双击工具箱中的缩放工具即可得到 100%显示图像。
- 选择缩放工具，在图像中单击鼠标右键，在弹出的菜单中选择"100%"命令，如图 3-31 所示。

图 3-30　状态栏中的显示百分比　　　　图 3-31　选择"100%"命令

3.4.2 放大与缩小显示图像

对图像的缩放是为了便于用户对图像的查看和修改。使用工具箱中的缩放工具缩放图像是用户最常采用的方式。

【练习 3-6】调整图像大小。

(1) 打开一幅素材图像，选择工具箱中的缩放工具，将光标移动到图像窗口中，此时光标将呈放大镜显示，其内部还显示一个"十"字形，如图 3-32 所示。

(2) 单击鼠标左键，图像会根据当前图像的显示大小进行放大，如图 3-33 所示，如果当前显示为 100%，则每单击一次放大一倍，单击处的图像会显示在图像窗口的中心。

图 3-32　光标样式　　　　图 3-33　放大显示图像

(3) 在图像窗口中按住鼠标左键拖动绘制出一个矩形区域，如图 3-34 所示，释放鼠标后可将区域内的图像窗口显示，如图 3-35 所示。

图 3-34　框选要放大的局部图像　　　　　　图 3-35　放大后的局部图像

(4) 按住 Alt 键或单击属性栏左侧的 🔍 按钮，此时鼠标呈放大镜显示的内部会出现一个"一"字形，如图 3-36 所示，单击鼠标，图像将进行缩小显示，如图 3-37 所示。

图 3-36　光标呈 🔍 显示　　　　　　　　　图 3-37　缩小显示图像

3.4.3　全屏显示图像

除了局部缩放图像外，还可以对图像做全屏显示。打开一幅图像文件，直接两次单击工具箱底部的"更改屏幕模式"按钮 🔳，从而依次显示不同的模式屏幕。第一次单击该按钮可以得到带有菜单栏的全屏显示模式，如图 3-38 所示；第二次单击该按钮，可以得到全屏显示图像，全屏模式下，将隐藏所有面板、菜单、状态栏等，如图 3-39 所示。

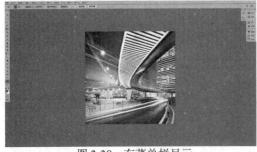

图 3-38　有菜单栏显示　　　　　　　　　图 3-39　全屏模式

注意：

在全屏模式下，按 Tab 键可以显示隐藏的面板，按 Esc 键可以退出该模式。

3.4.4　排列图像窗口

当同时打开多个图像时，图像窗口会以层叠的方式显示，但这样不利于图像的显示查看，这时可通过排列操作来规范图像的摆放方式，以美化工作界面。

【练习 3-7】设置图像窗口显示。

(1) 在 Photoshop 工作界面中双击任意空白位置，在打开的对话框中可以预览之前打开的图像记录，如图 3-40 所示，单击"打开"按钮，打开"打开"对话框，选择所需打开的图像文件，如图 3-41 所示。

图 3-40　预览图像

图 3-41　选择图像

(2) 单击对话框中的"打开"按钮，被打开的图像在工作界面中以合并到选项卡中的方式排列，如图 3-42 所示。

(3) 选择"窗口"|"排列"命令，在打开的子菜单中有多种图像排列方式，如图 3-43 所示。

图 3-42　合并选项卡排列

图 3-43　"排列"菜单

(4) 用户可以根据需要选择所需的排列方式，如分别选择"全部垂直拼贴"和"全部水平拼贴"命令来显示图像，排列效果如图 3-44 和图 3-45 所示。

图 3-44　全部垂直排列

图 3-45　全部水平排列

3.5　Photoshop 图像处理辅助设置

在图像处理过程中，使用 Photoshop 中的辅助设置可以使处理的图像更加精确，辅助设置主要包括界面设置、工作区设置等。

3.5.1　界面设置

选择"编辑"|"首选项"|"界面"命令，可以进入到界面选项中，如图 3-46 所示。在其中可以设置屏幕的颜色和边界颜色，还可以设置各种面板和菜单的颜色等属性。

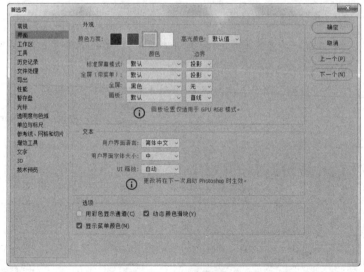

图 3-46　"界面"选项

在"外观"和"选项"下面的各选项中，可以对 Photoshop 的界面和面板等外观显示进行设置。

- 颜色方案：其中包含 4 种界面色调，用户可以根据需要选择所需的界面颜色。
- 标准屏幕模式/全屏(带菜单)/全屏/画板：可设置在这几种屏幕模式下，屏幕的颜色和边界效果。
- 用彩色显示通道：默认情况下，各种图像模式的各个通道都以灰度显示，如图 3-47 所示，选择该选项，可以用相应的颜色显示颜色通道，如图 3-48 所示。
- 显示菜单颜色：选择该选项，可以让菜单中的某些命令显示为彩色。

图 3-47　灰度显示　　　　　　　　　　　　图 3-48　彩色显示

3.5.2　工作区设置

选择"编辑"|"首选项"|"工作区"命令，进入"工作区"界面对话框，在其中可以设置面板的折叠方式、文档的打开方式，以及文档窗口的停放方式等，如图 3-49 所示。

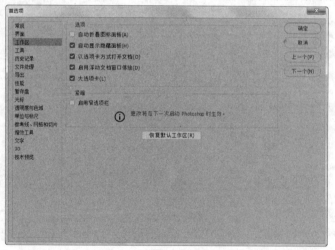

图 3-49　"工作区"选项

3.5.3　工具设置

在"首选项"对话框中选择左侧的"工具"选项，通过选中各选项，可以设置在使用工具时的各种效果，如图 3-50 所示。

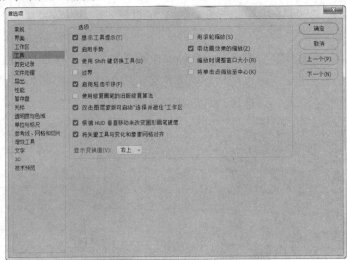

图 3-50 "工具"选项

3.5.4　历史记录设置

在"首选项"对话框中选择"性能"选项，如图 3-51 所示。在面板右侧的"历史记录状态"数值框中，可以记录保留的历史记录最大数量；在"高速缓存级别"中可以设置图像数据的高速缓存级别，高速缓存可以提高屏幕重绘和直方图显示速度。

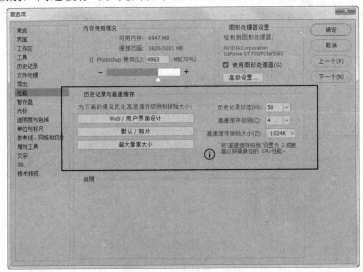

图 3-51　设置历史记录

3.5.5　暂存盘设置

在"首选项"对话框中选择"暂存盘"选项，可以看到系统中分区的磁盘，Photoshop

中默认选择为 C:\盘，如图 3-52 所示。

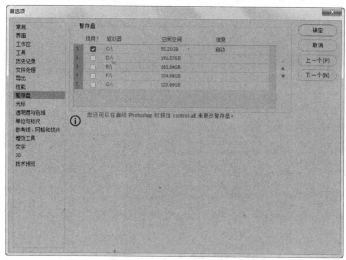

图 3-52　"暂存盘"选项

　　当系统没有足够的内存来执行某个操作时，Photoshop 将使用一种专有的虚拟内存技术来扩大内存，也就是暂存盘。暂存盘是任何具有空闲内存的驱动器或驱动器分区，默认情况下，Photoshop 将安装了操作系统的硬盘驱动器用作主暂存盘。在该选项中可以将暂存盘修改到其他驱动器上，另外，包含暂存盘的驱动器应定期进行碎片整理。

3.5.6　透明度与色域设置

　　在"首选项"对话框中选择"透明度与色域"选项，如图 3-53 所示。在此对话框中有"透明区域设置"和"色域警告"两个选项区域。在"透明区域设置"选项区域中，可进行透明背景的设置。在"色域警告"选项区域中可设定色阶的警告颜色。

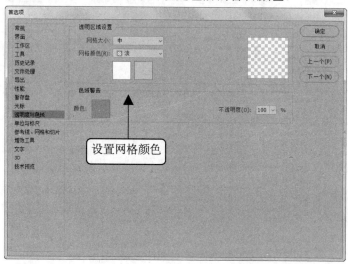

图 3-53　"透明度与色域"选项

色阶是指某个可被显示或打印的颜色范围，色域警告的目的是提示哪些色彩是可以印刷的，哪些是不可以印刷的。

3.5.7　单位与标尺设置

单位与标尺选项可以改变标尺的度量单位并指定列宽和间隙，单击"单位与标尺"选项，系统将打开如图 3-54 所示对话框。

标尺的度量单位有 7 种：像素、英寸、厘米、毫米、点、派卡、百分比。按下 Ctrl＋R 组合键可控制标尺的显示和隐藏。在"列尺寸"选项区域中可调整标尺的列尺寸。在"点/派卡大小"选项区域中有两个单选按钮，通常选取"PostScript(72 点/英寸)"单选按钮。为了切换方便，可直接在"信息"面板中单击左侧的"＋"符号，在弹出的菜单中切换标尺单位，如图 3-55 所示。

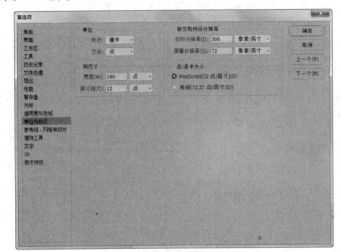

图 3-54　单位与标尺

图 3-55　信息面板

3.5.8　参考线、网格和切片的设置

选择"编辑"|"首选项"|"参考线、网格和切片"命令，打开"首选项"对话框，如图 3-56 所示。对话框右侧的色块显示了参考线、智能参考线和网格的颜色，单击色块，可以修改其颜色。

"参考线"选项区域用于设置通过标尺拖出的辅助线，在此可设定辅助线的颜色和样式。

在"网格"选项区域中，将栅格设置成各种颜色，并使之成为直线、虚线或网点线。设置"网格线间隔"和"子网格"两个选项，可改变栅格中网格线的密度。

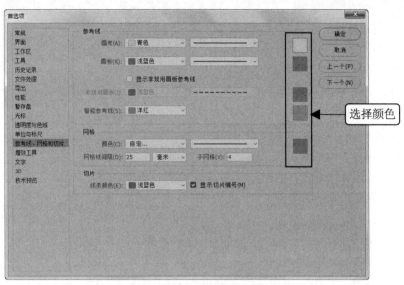

图 3-56 参考线、网格和切片

对话框中各选项设置含义如下。

- 参考线：用于设置参考线的颜色和样式，包括直线和虚线两种样式。
- 智能参考线：用于设置智能参考线的颜色。
- 网格：用于设置网格的颜色和样式，设置"网格线间隔"和"子网格"两个选项，可改变栅格中网格线的密度。
- 切片：用于设置切片边界框的颜色。选择"显示切片编号"复选框，可以显示切片的编号。

3.6 思考练习

1. 状态栏最左端的百分数是显示当前_____的显示比例，中间显示当前_____的大小。

A. 图像窗口、图像文件　　　　　　　　B. 图像文件、图像窗口

C. 程序软件、图像窗口　　　　　　　　D. 图像文件、程序软件

2. 在"新建文档"对话框中的_____选项用于设置文档的大小。

A. 背景内容　　　　B. 颜色模式　　　　C. 宽度和高度　　　　D. 高级

3. Photoshop 允许用户同时打开_____个图像文件进行编辑。

A. 1　　　　　　　B. 2　　　　　　　C. 4　　　　　　　D. 若干

4. 按_____键，可以对图像文件进行保存。

A. Ctrl+A　　　　B. Ctrl+B　　　　C. Ctrl+Y　　　　D. Ctrl+S

5. 按_____键，可以关闭当前保存后的图像文件。

A. Ctrl+W 或 Ctrl+S　　　　　　　　B. Ctrl+B 或 Ctrl+F4

C. Ctrl+W 或 Ctrl+F4   D. Ctrl+S 或 Ctrl+B

6. 在全屏模式下，按＿＿＿＿＿＿＿＿键可以退出全屏模式。

A. Tab   B. Esc

C. Ctrl   D. Shift

7. 在 Photoshop 中，标尺的度量单位有＿＿＿＿＿＿＿＿＿＿＿＿＿＿＿＿、派卡、百分比等几种。

A. 像素、英寸、厘米   B. 像素、英寸、厘米、毫米

C. 像素、厘米、毫米、点   D. 像素、英寸、厘米、毫米、点

8. 如何选择工具组中的子工具？

9. 按 Ctrl+S 组合键对已存在或已保存的文件进行再次存储时，将直接按照原路径和名称进行保存。如何才能在保存文件时更改文件的路径和名称？

10. 如何才能分别修改图像的宽度和高度？

11. 有哪几种常用方法可以将图像显示为 100%比例？

第4章

编辑图像

本章主要学习图像的编辑，其中包括移动图像、拷贝与裁剪图像，对图像应用各种变换等。还能通过擦除图像工具对图像做不同程度的擦除，并制作出不同的图像效果，在编辑图像的过程中，还可以对图像进行还原与重做操作。

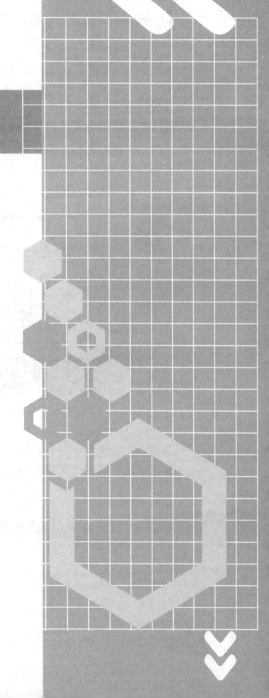

4.1 移动和复制图像

在 Photoshop 中进行图像处理时，经常需要对其中的图像进行移动和复制，移动和复制图像是最基本的编辑操作。

4.1.1 移动图像

移动图像分为整体移动和局部移动，整体移动就是将当前工作图层上的图像从一个地方移动到另一个位置或图像文件中，而局部移动就是对图像中的部分图像进行移动。在工具箱中选择移动工具 ⊕，然后对图像进行拖动，即可移动图像。

【练习 4-1】移动整个或局部图像。

(1) 打开一幅图像文件，确定图像层未被锁定，如图 4-1 所示。

(2) 选择工具箱中的移动工具 ⊕，在图像上按住鼠标左键，将图像拖动到需要的位置即可，如图 4-2 所示。

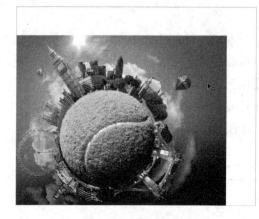

图 4-1 打开图像文件   图 4-2 移动图像

(3) 使用椭圆选框工具绘制一个圆形选区，将绿色圆球框选起来，选择移动工具，将鼠标放到选区内，按住鼠标左键拖动，即可移动选定的图像，如图 4-3 所示。

注意：

按住 Alt 键的同时，使用选择工具拖动选区内的图像，可以对其进行复制，如图 4-4 所示。

图 4-3 移动部分图像

图 4-4 复制移动图像

4.1.2 复制图像

在图像中创建选区后，可以对图像进行拷贝和粘贴操作。选择"编辑"|"拷贝"命令或按 Ctrl+C 组合键，可以将选区中的图像复制到剪贴板中，然后选择"编辑"|"粘贴"命令或按 Ctrl+V 组合键，即可将复制的图像进行粘贴，并自动生成一个新的图层。

【练习 4-2】拷贝与合并拷贝图像。

(1) 打开"素材\第 4 章\圣诞快乐.jpg"图像，选择魔棒工具，在属性栏中设置"容差"值为 10，单击白色背景获取选区，然后按 Shift+Ctrl+I 组合键反选选区，得到如图 4-5 所示的选区。

(2) 选择"编辑"|"拷贝"命令，复制选区中的图像，打开"素材/第 4 章/圣诞背景.jpg"图像，选择"编辑"|"粘贴"命令，将拷贝的图像粘贴到背景图像中，使用移动工具将其移动到画面下方，如图 4-6 所示。

图 4-5 拷贝图像

图 4-6 粘贴图像

(3) 打开"素材\第 4 章\圣诞老人.psd"图像，如图 4-7 所示。

(4) 在"图层"面板中选择背景图层，单击面板底部的"创建新图层"按钮，得到图层 2，使用移动工具将复制的图像移动到画面右侧，可以看到粘贴的图像，如图 4-8 所示。

(5) 设置前景色为灰色，选择画笔工具，为圣诞老人绘制投影效果，如图 4-9 所示。

图 4-7　素材图像　　　　　图 4-8　创建图层　　　　　图 4-9　绘制投影

(6) 双击背景图层将其转换为普通图层，然后按 Delete 键删除该图层，如图 4-10 所示。

(7) 按 Ctrl+A 组合键全选图像，选择"编辑"|"全选"命令，全选当前图像，然后选择"编辑"|"选择性拷贝"|"合并拷贝"命令，复制所有可见图层中的图像，如图 4-11 所示。

(8) 切换到圣诞背景图像中，选择"编辑"|"选择性粘贴"|"原位粘贴"命令，将图像粘贴到圣诞背景图像中，放到文字右上方，如图 4-12 所示。

图 4-10　删除背景图层　　　　图 4-11　合并拷贝图像　　　　图 4-12　粘贴图像

4.2　变换图像

在 Photoshop 中，除了对整个图像进行调整外，还可以对文件中单一的图像进行操作。其中包括缩放对象、旋转与斜切图像、扭曲与透视图像、翻转图像等。

4.2.1　缩放对象

在 Photoshop 中，可以通过调整控制方框来改变图像大小。

【练习 4-3】缩小图像。

(1) 打开"素材\第 4 章\春天音符.jpg"图像，选择图层 1，选择"编辑"|"变换"|"缩放"命令，图像周围即可出现一个控制方框，如图 4-13 所示。

(2) 按住 Shift 键拖动任意一个角即可对图像进行等比例缩放，如按住左上角向内拖动，等比例缩小图像，如图 4-14 所示。

(3) 缩放到合适的大小后，将鼠标放到控制方框内，按住鼠标左键进行拖动，可以移动图像，调整图像的位置，然后双击鼠标，即可完成图像的缩放，如图 4-15 所示。

图 4-13　使用"缩放"命令　　　　图 4-14　缩小图像　　　　图 4-15　调整图像位置

4.2.2　旋转图像

旋转图像的操作与缩放对象一样，选择"编辑"|"变换"|"旋转"命令，然后拖动方框中的任意一角，即可对图像进行旋转，如图 4-16 所示。

4.2.3　斜切图像

选择"编辑"|"变换"|"斜切"命令，然后拖动方框中的任意一角，即可对图像进行斜切操作，如图 4-17 所示。

图 4-16　旋转图像　　　　　　图 4-17　斜切图像

4.2.4 扭曲图像

使用"扭曲"命令可以对图像进行扭曲。选择"编辑"|"变换"|"扭曲"命令，然后拖动方框中的任意一角，即可对图像进行扭曲操作，如图 4-18 所示。

4.2.5 透视图像

使用"透视"命令可以为图像添加透视效果。选择"编辑"|"变换"|"透视"命令，然后拖动方框中的任意一角，即可对图像进行透视操作，如图 4-19 所示。

图 4-18　扭曲图像　　　　　　　　图 4-19　透视图像

4.2.6 变形图像

Photoshop 中还有一个"变形"命令，可以对图像局部内容进行扭曲。

选择"编辑"|"变换"|"变形"命令，在图像中即可出现一个网格图形，通过对网格进行编辑即可达到变形的效果。按住网格中上下左右的小圆点进行拖动，调整控制手柄即可对图像进行变形编辑，如图 4-20 所示。

4.2.7 按特定角度旋转图像

选择"编辑"|"变换"命令，在其子菜单中可以选择 3 种特定角度旋转图像的命令，分别是"旋转 180 度"、"顺时针旋转 90 度"和"逆时针旋转 90 度"，选择"旋转 180 度"命令，得到的图像效果如图 4-21 所示，选择"顺时针旋转 90 度"命令，得到的图像效果如图 4-22 所示。

图 4-20 变形图像

图 4-21 旋转 180 度

图 4-22 顺时针旋转 90 度

4.2.8 翻转图像

在图像编辑过程中，如需要使用对称的图像，则可以将图像进行水平或垂直翻转。选择"编辑"|"变换"|"水平翻转"命令，可以将图像水平翻转，如图 4-23 和图 4-24 所示；选择"编辑"|"变换"|"垂直翻转"命令，可以将图像垂直翻转，如图 4-25 所示。

图 4-23 原图

图 4-24 水平翻转图像

图 4-25 垂直翻转图像

注意：

这里的翻转图像是针对分层图像中的单一对象而言，与"水平（垂直）翻转画布"命令有很大的区别。

4.3 擦除图像

使用橡皮擦工具组可以轻松擦除多余的图像，而保留需要的部分。在擦除的过程中还可以使图像产生一些特殊效果。

4.3.1 使用橡皮擦工具

橡皮擦工具 可以改变图像中的像素，主要用来擦除当前图像中的颜色。如果擦除的图像为普通图层，则会将像素涂抹成透明的效果，如果擦除的是背景图层，则会将像素涂抹成工具箱中的背景颜色。

【练习 4-4】制作卡通人物标签。

(1) 打开"素材\第 4 章\标签.jpg"图像,如图 4-26 所示,选择橡皮擦工具,设置工具箱中的背景色为绿色。

(2) 在属性栏中单击"画笔"旁边的三角形按钮,在打开的面板中选择"草"样式,如图 4-27 所示。

图 4-26　素材图像

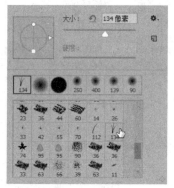

图 4-27　选择画笔

(3) 设置好画笔后在图像标签图像交界处中拖动鼠标擦除图像,擦除后的图像呈现绿草图像,颜色为背景色,如图 4-28 所示。

(4) 在"图层"面板中双击背景图层,在弹出的提示对话框中单击"确定"按钮,将其转换为普通图层,如图 4-29 所示。

图 4-28　擦除图像

图 4-29　转换背景图层

(5) 在属性栏中选择柔角画笔样式,然后在标签图像中拖动,擦除图像,得到透明的背景效果,如图 4-30 所示。

(6) 打开"素材\第 4 章\小人物.psd"图像,使用移动工具分别将图像移动到当前编辑的图像中,适当调整图像大小,放到每一个擦除后的标签图像中,并在"图层"面板中调整标签图像为最上一层,如图 4-31 所示,完成后的效果如图 4-32 所示。

图 4-30　透明图像效果　　　　图 4-31　图层效果　　　　图 4-32　图像效果

4.3.2　使用背景橡皮擦工具

使用背景色橡皮擦工具 ![img] 可以直接将图像擦除为透明色，是一种智能化擦除工具。它的功能非常强大，除了可以擦除图像外，还可以运用到抠图中，因为它能很好地保留图像边缘色彩。背景橡皮擦工具的属性栏如图 4-33 所示。

图 4-33　背景橡皮擦工具属性栏

- 取样：其中有 3 个按钮，用于设置擦除颜色的取样方式。单击"连续"按钮 ![img]，可在擦除图像时对颜色进行取样，被取样的颜色将会被擦除；单击"一次"按钮 ![img]，鼠标第一次单击的颜色将设置为取样颜色，可在图像上擦除与取样颜色相同的区域；单击"背景色板"按钮 ![img]，将背景色作为取样颜色，可擦除与背景色颜色相同或相近的区域。
- 限制：设置背景橡皮擦工具擦除的模式。其中，"不连续"选项可用于擦除所有具有取样颜色的像素；"连续"选项用于擦除光标位置附近具有取样颜色的像素；"查找边缘"选项可在擦除时保持图像边界的锐度。
- 容差：用于设置擦除颜色的范围。
- 保护前景色：选中此项，可以防止具有前景色的图像区域被擦除。

【练习 4-5】制作水中的玻璃瓶。

(1) 打开"素材\第 4 章\玻璃瓶.jpg"图像，如图 4-34 所示。

(2) 选择背景橡皮擦工具 ![img]，在属性栏中设置画笔大小为 70，"容差"为 35，对背景图像进行擦除，得到透明背景图像，如图 4-35 所示。

(3) 打开"素材\第 4 章\水花.jpg"图像，使用移动工具将抠取出来的玻璃瓶图像拖动过来，放到水花图像中，可以看到玻璃瓶边缘还有一些残留的背景图像，如图 4-36 所示。

(4) 选择橡皮擦工具，在属性栏中设置画笔大小为 30，对图像边缘做擦除，然后降低不透明度，适当擦除玻璃瓶底部图像，使其与水花自然融合，效果如图 4-37 所示。

图 4-34 素材图像

图 4-35 擦除背景图像

图 4-36 拖动图像

图 4-37 擦除图像

4.3.3 使用魔术橡皮擦工具

魔术橡皮擦工具 是魔棒工具与背景色橡皮擦工具的结合，只需在需要擦除的颜色范围内单击，便可以自动擦除该颜色处相近的图像区域，擦除后的图像背景显示为透明状态。魔术橡皮擦工具的属性栏如图 4-38 所示。

图 4-38 魔术橡皮擦工具属性栏

- 容差：在其中输入数值，可以设置被擦除图像颜色与取样颜色之间差异的大小，数值越小，擦除的图像颜色与取样颜色越相近。
- 消除锯齿：选中此项，会使擦除区域的边缘更加光滑。
- 连续：选中此项，可以擦除位于点选区域附近，并且在容差范围内的颜色区域，如图 4-39 所示。不选中此项，则只要在容差范围内的颜色区域都将被擦除，如图 4-40 所示。

图 4-39　选中"连续"复选框时的擦除效果

图 4-40　未选中"连续"复选框时的擦除效果

4.3.4　课堂案例——为玻璃瓶制作瓶贴

本实例将制作一个玻璃瓶瓶贴，主要运用"变形"命令和橡皮擦工具来完成操作，实例效果如图 4-41 所示。

图 4-41　实例效果

实例分析

首先使用"缩放"命令等比例缩小图像，使其与瓶身大小一致，再通过变形操作，调整图像造型。然后使用橡皮擦工具时图像进行擦除操作，得到高光图像，最后添加阴影图像，让瓶贴更具有立体感。

操作步骤

(1) 打开"素材\第 4 章\瓶子.psd"和"桃花.jpg"图像，如图 4-42 和图 4-43 所示。

图 4-42　瓶子图像　　　　　　　　图 4-43　桃花图像

(2) 使用移动工具将桃花图像直接拖动到瓶子图像中，如图 4-44 所示，这时"图层"面板中将自动生成一个图层，如图 4-45 所示。

图 4-44　移动图像　　　　　　　　图 4-45　生成新图层

(3) 选择"编辑"|"变换"|"缩放"命令，桃花图像周围将出现一个变换框，按住 Shift 键选择变换框任意角点向内拖动，可以等比例缩小图像，如图 4-46 所示。

(4) 在变换框中单击鼠标右键，在弹出的菜单中选择"变形"命令，如图 4-47 所示，图像中显示出变形网格，如图 4-48 所示。

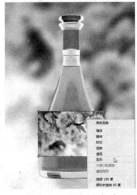

图 4-46　缩小图像　　　　图 4-47　选择命令　　　　图 4-48　变形网格

(5) 分别拖动 4 个角上的控制点到瓶身边缘，使其与边缘对齐，如图 4-49 所示。再调整两侧的控制点，使图像形状依照瓶身结构扭曲，如图 4-50 所示，然后按 Enter 键进行确定。

　　(6) 观察玻璃瓶身，其左侧和右侧分别有两条较亮的高光图形。选择橡皮擦工具，在属性栏中设置画笔大小为 30，不透明度为 50%，在桃花图像对应的位置进行擦除，效果如图 4-51 所示。

　　图 4-49　调整 4 个角的锚点　　　　图 4-50　调整边缘　　　　图 4-51　擦除图像

　　(7) 新建一个图层，设置前景色为黑色，选择画笔工具，在桃花图像中间绘制出暗部阴影图像，如图 4-52 所示。

　　(8) 在"图层"面板中设置图层混合模式为"柔光"，得到的图像效果如图 4-53 所示。

　　(9) 新建一个图层，将其放到最底层，也就是背景图层的上方。选择画笔工具，在玻璃瓶底部绘制一块黑色图像，作为瓶身的投影，如图 4-54 所示。

　　图 4-52　绘制阴影图像　　　　图 4-53　图像效果　　　　图 4-54　绘制投影

4.4　裁剪与清除图像

　　在编辑图像的过程中，除了常见的移动、复制、变换图像外，还经常需要根据设计需求对图像进行裁剪和清除等操作。

4.4.1 裁剪图像

使用工具箱中的裁剪工具 ![] 可以整齐地裁切选择区域以外的图像，调整画布大小。用户可以通过裁剪工具方便、快捷地获得需要的图像尺寸。裁剪工具的属性栏如图 4-55 所示。

图 4-55　裁剪工具属性栏

其中各选项的含义如下。

- 比例：在该下拉列表中可以选择多种裁切的约束比例。
- 约束比例 ⬚⬚⬚⬚⬚⬚⬚⬚⬚：通过数值来设置裁剪后图像的宽度和高度。
- 拉直：通过在图像中绘制一条直线来拉直图像。
- 设置其他裁切选项：在这里可以对裁切的其他参数进行设置，如使用显示裁剪区域或自动居中预览等。
- 清除：单击该按钮，可清除前面的参数设置。
- 删除裁剪的图像：选中该项，裁剪区域中的内容将被删除。

【练习 4-6】 裁掉留白图像。

(1) 打开"素材\第 4 章\花朵.jpg"图像，如图 4-56 所示。

(2) 选择裁剪工具 ![]，在图像中单击并拖动鼠标创建一个裁剪框，未被选择的区域都以灰色显示，如图 4-57 所示。

图 4-56　素材图像

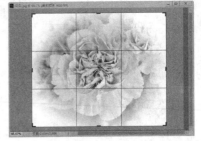

图 4-57　裁剪区域

(3) 在裁剪框中双击鼠标左键，或按下 Enter 键即可得到裁剪后的图像，如图 4-58 所示。

(4) 按 Ctrl+Z 组合键后退一步操作，在裁切工具属性栏中设置约束比例为 2:2，然后在图像窗口中单击并拖动鼠标，即可出现固定比例大小的裁剪框，如图 4-59 所示。

(5) 在裁剪框中单击鼠标右键，在弹出的菜单中选择"裁剪"命令，即可对图像做裁剪，如图 4-60 所示。

图 4-58 裁剪后的图像

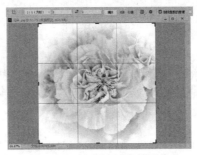
图 4-59 约束比例裁剪图像

图 4-60 裁剪后的图像

4.4.2 清除图像

对于不需要的图像区域可以将其清除。清除图像的操作非常简单，只需在要清除的图像内容上创建一个选区，然后选择"编辑"|"清除"命令，或者按 Delete 键即可清除选区内的图像。

注意：

如果清除的是非背景层的图像，被清除的部分将变成透明区域；如果清除的是背景层图像，则被清除的部分将变成背景色，用户也可以通过按 Delete 键，打开"填充"对话框，然后以指定的内容填充要清除的区域。

4.5 还原与重做

在编辑图像的时候难免会执行一些错误的操作，使用还原图像操作即可轻松回到原始状态，并且还可以通过该功能制作一些特殊效果。

4.5.1 通过菜单命令操作

当用户在绘制图像时，常常需要进行反复的修改才能得到很好的效果，在操作过程中肯定会遇到撤销之前的步骤重新操作，这时可以通过下面的方法来撤销误操作。

- 选择"编辑"|"还原"命令可以撤销最近一次进行的操作。
- 选择"编辑"|"后退一步"命令可以向前撤销一步操作。
- 选择"编辑"|"前进一步"命令可以恢复被撤销的一步操作。

注意：

在绘制图像时，还可以使用组合键对图像应用还原和重做操作。按 Ctrl+Z 组合键可以撤销最近一次进行的操作，再次按 Ctrl+Z 组合键又可以重做被撤销的操作；按 Alt+Ctrl+Z 组合键可以向前撤销一步操作；按 Shift+Ctrl+Z 组合键可以向后重做一步操作。

4.5.2 通过"历史记录"面板操作

当用户使用了其他工具在图像上进行误操作后,可以使用"历史记录"面板来还原图像。"历史记录"面板用来记录对图像所进行的操作步骤,并可以帮助用户恢复到"历史记录"面板中显示的任何操作状态。

【练习4-7】使用"历史记录"面板进行还原操作。

(1) 打开一幅图像文件,如图 4-61 所示。

(2) 选择"窗口"|"历史记录"命令,打开"历史记录"面板,可以看到打开文件的初始状态,如图 4-62 所示。

图 4-61 打开图像

图 4-62 "历史记录"面板

(3) 选择"图像"|"调整"|"色彩平衡"命令,打开"色彩平衡"对话框,调整对话框中的参数,如图 4-63 所示,完成后单击"确定"按钮。

(4) 选择"图像"|"调整"|"自然饱和度"命令,打开"自然饱和度"对话框,调整对话框中的参数,如图 4-64 所示,完成后单击"确定"按钮。

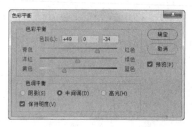

图 4-63 调整色彩平衡

图 4-64 调整饱和度

(5) 为图像调整好颜色后,得到的图像效果如图 4-65 所示,"历史记录"面板中的状态如图 4-66 所示。

图 4-65　图像效果　　　　　　图 4-66　记录状态

（6）将鼠标移动到"历史记录"面板中，单击操作的第二步"色彩平衡"，可以将图像返回到增加饱和度之前的效果，如图 4-67 所示。

（7）在"历史记录"面板中单击快照区，可以撤销所有操作，即使中途保存过文件，也能将其恢复到最初的打开状态，如图 4-68 所示。

（8）如果要恢复所有被撤销的操作，可以单击最后一步操作，如图 4-69 所示。

图 4-67　恢复一步操作　　　图 4-68　撤销所有操作　　　图 4-69　恢复所有操作

注意：

在 Photoshop 中，"历史记录"面板只记录对图像有过操作的步骤，对面板、动作、首选项，以及颜色设置做出的修改，是不会记录下来的。

4.5.3　创建非线性历史记录

非线性历史记录允许用户在更改选择的状态时保留之前的操作。

【练习 4-8】使用"历史记录"面板进行还原操作。

（1）打开一幅图像文件，并为其应用操作。

（2）在"历史记录"面板中单击一个操作步骤进行还原，可以看到该步骤以下的操作都将以灰色显示，如图 4-70 所示。

(3) 当用户进行新的操作时，灰色的操作都会被新的操作所代替，如图 4-71 所示。

图 4-70 还原步骤

图 4-71 新建步骤

(4) 单击"历史记录"面板右上方的 ▤ 按钮，在弹出的菜单中选择"历史记录选项"命令，如图 4-72 所示，打开"历史记录选项"对话框，选择"允许非线性历史记录"选项，即可将历史记录设置为非线性状态，如图 4-73 所示。

(5) 再次在"历史记录"面板中选择之前的操作，然后再运用新的操作步骤，可以看到新的记录将自动排在最下方，而之前的记录也保留了下来，如图 4-74 所示。

图 4-72 选择命令

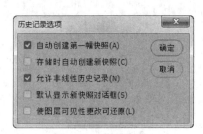
图 4-73 设置选项

图 4-74 非线性状态

4.6 清理编辑中的缓存数据

当用户在 Photoshop 中编辑图像时，随着图层的越来越多，会遇到电脑运行速度变慢的情况，这是因为 Photoshop 需要保存大量的中间数据而造成。选择"编辑"|"清理"命令，打开其子菜单选择相应的命令，可以清理"还原"命令、"历史记录"面板、剪贴板和视频所占用的内存，如图 4-75 所示。清理后，项目的名称会显示为灰色。选择"全部"命令，可以一次性清除所有项目。

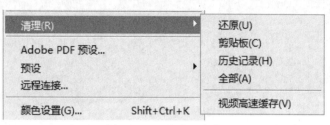

图 4-75 "清除"命令

注意：

在"清理"菜单中选择"历史记录"和"全部"命令后，会将 Photoshop 中打开的所有文件内存都清除，如果只需要清除当前文件，可以选择该文件，然后单击"历史记录"面板右上方的■按钮，在弹出的菜单中选择"清除历史记录"命令即可。

4.7 思考练习

1. 按住_____键的同时，使用选择工具拖动选区内的图像，可以对其进行复制。

A. Alt   B. Ctrl   C. Shift   D. Tab

2. 按_____组合键，可以将选区中的图像复制到剪贴板中。

A. Ctrl+V   B. Ctrl+C   C. Shift +C   D. Shift+V

3. 按_____组合键，可以将复制到剪贴板中的图像进行粘贴。

A. Ctrl+V   B. Ctrl+C   C. Shift +C   D. Shift+V

4. 使用"编辑"|"变换"命令，不能对图像进行下列哪种操作_____。

A. 水平翻转   B. 垂直翻转   C. 缩放   D. 复制

5. 使用工具箱中的_____工具能够裁切选择区域以外的图像，调整画布大小。

A. 套索   B. 移动   C. 矩形选区   D. 裁剪

6. 选择"编辑"|"_____"命令可以向前撤销一步操作。

A. 后退一步   B. 前进一步   C. 变换   D. 填充

7. 当用户在图像上进行误操作后，可以使用_____面板来还原图像。

A. 信息   B. 图层   C. 历史记录   D. 属性

8. 使用橡皮擦工具擦除图像时，会产生什么效果？

9. 魔术橡皮擦工具的作用是什么？

第5章

填充图像色彩

本章将学习图像的色彩编辑基础知识，认识前景色和背景色，掌握颜色面板组和吸管工具组的使用，并通过学习各种填充方式，让读者能够灵活运用各种方法对图像进行填充。

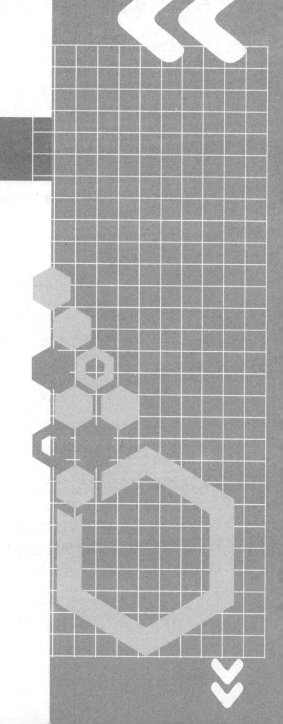

5.1 认识填充颜色工具

当用户在处理图像时，如果要对图像或图像区域进行填充色彩或描边，就需要对当前的颜色进行设置。

5.1.1 认识前景色与背景色

在 Photoshop 中，前景色与背景色位于工具箱下方，如图 5-1 所示。前景色用于显示当前绘制图像的颜色，背景色用于显示图像的背景颜色。

- 单击前景色与背景色工具右上的 图标，可以进行前景色和背景色的切换。
- 单击左下的 图标，可以将前景色和背景色设置成系统默认的黑色和白色。

为图像填充颜色或者使用绘制工具之前，都需要设置前景色和背景色。单击工具箱下方的"前景色"色块，将打开"拾色器(前景色)"对话框，在该对话框中单击色域区或者输入颜色数值，即可设置前景色，如图 5-2 所示。同样，单击"背景色"色块，即可在打开的"拾色器(背景色)"对话框中设置背景色。

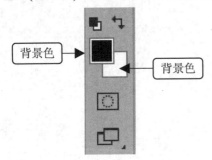

图 5-1 前景色和背景色

图 5-2 设置前景色

注意：

更改前景色和背景色后，单击工具箱中的"默认前景色和背景色"图标 ，或者按 D 键，即可恢复为默认的前景色和背景色。

5.1.2 了解拾色器

在 Photoshop 中，颜色可以通过具体的数值来进行设置，这样定制出来的颜色更加准确，单击前景色框，打开"拾色器(前景色)"对话框，可根据实际需要，在不同的数值栏中输入数字，以达到理想的颜色效果。

【练习 5-1】在拾色器中设置前景色。

(1) 单击前景色框，打开"拾色器(前景色)"对话框，拖动彩色条两侧的三角形滑块来设置色相，然后在颜色区域中单击颜色来确定饱和度和明度，如图 5-3 所示。

(2) 在"拾色器(前景色)"对话框右侧的文本框中输入数值可以精确设置颜色，分别有
HSB、Lab、RGB、CMYK 4 种色彩模式，如图 5-4 所示。

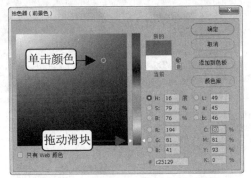

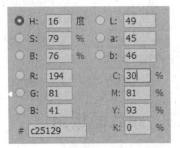

图 5-3　"拾色器(前景色)"对话框　　　　　图 5-4　输入数值设置颜色

- RGB：这是最基本也是使用最广泛的颜色模式。它源于有色光的三原色原理，其中
  R(Red)代表红色，G(Green)代表绿色，B(Blue)代表蓝色。

- CMYK：这是一种减色模式，C(Cyan)代表青色，M(Magenta)代表品红色，Y(Yellow)
  代表黄色，K(Black)代表黑色。在印刷过程中，使用这 4 种颜色的印刷板来产生各种
  不同的颜色效果。

- Lab：这是 Photoshop 在不同色彩模式之间转换时使用的内部颜色模式。它有 3 个颜
  色通道，一个代表亮度，用字母 L 来代替，另外两个代表颜色范围，分别用 a、b 来
  表示。

- HSB：HSB 模式中的 H、S、B 分别表示色调、饱和度、亮度，这是一种从视觉的角
  度定义的颜色模式。Photoshop 可以使用 HSB 模式从"颜色"面板中拾取颜色，但
  没有提供用于创建和编辑图像的 HSB 模式。

(3) 选择对话框左下角的"只有 Web 颜色"复选框，对话框将转换为如图 5-5 所示的界
面，这时选择的任何一种颜色都为 Web 安全颜色。

(4) 在对话框中单击"颜色库"按钮，弹出"颜色库"对话框，在其中已经显示了拾色
器中当前选中颜色最接近的颜色，如图 5-6 所示。

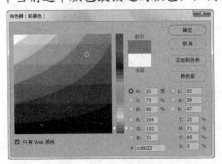

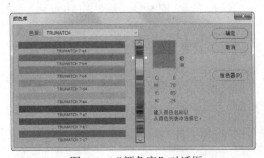

图 5-5　Web 颜色效果　　　　　　　图 5-6　"颜色库"对话框

(5) 单击"色库"右侧的三角形按钮，在其下拉菜单中可以选中需要的颜色系统，如图
5-7 所示。然后在颜色列表中单击所需的编号，单击"确定"按钮即可得到所需的颜色，如

图 5-8 所示。

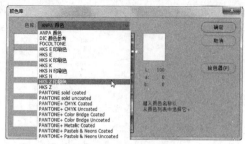

图 5-7　选择颜色系统

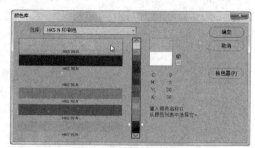

图 5-8　单击所需颜色

5.1.3　颜色面板组

在 Photoshop CC 2017 中，用户可以通过多种方法来调配颜色，以提高编辑和操作的速度。颜色面板组中有"颜色"面板和"色板"面板，通过这两个面板用户可以轻松地设置前景色和背景色。

选择"窗口"|"颜色"命令，打开"颜色"面板，面板左上方的色块分别代表前景色与背景色，如图 5-9 所示。选择其中一个色块，分别拖动 R、G、B 中的滑块即可调整颜色，调整后的颜色将应用到前景色框或背景色框中，用户可直接在颜色面板下方的颜色样本框中单击鼠标，来获取需要的颜色。

选择"窗口"|"色板"命令，打开"色板"面板，该面板由众多调制好的颜色块组成，如图 5-10 所示。单击任意一个颜色块将其设置为前景色，按住 Ctrl 键的同时单击其中的颜色块，则可将其设置为背景色。

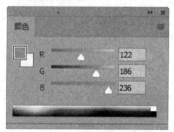

图 5-9　"颜色"面板

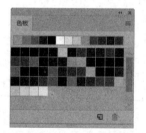

图 5-10　"色板"面板

5.1.4　吸管工具组

使用吸管工具和颜色取样器工具可以吸取图像或面板中的颜色，下面将分别介绍这两种工具的使用方法。

1. 吸管工具

当用户打开或新建一副图像后，即可使用吸管工具吸取图像或面板中的颜色，吸取的颜色将在工具箱底部的前景色或背景色中显示出来。

选取吸管工具后，其属性栏设置如图 5-11 所示。将鼠标移动到图像窗口中，单击所需要的颜色，即可吸取出新的前景色，如图 5-12 所示；按住 Alt 键在图像窗口中单击，即可选取新的背景色。

图 5-11　吸管工具属性栏　　　　　　　　图 5-12　吸取颜色

- 取样大小：在其下拉列表中可设置采样区域的像素大小，采样时取其平均值。"取样点"为 Photoshop CC 2017 中的默认设置。
- 样本：可设置采样的图像为当前图层还是所有图层。

2. 颜色取样器工具

颜色取样器工具用于颜色的选取和采样，使用该工具不能直接选取颜色，只能通过在图像中单击得到"采样点"来获取颜色信息。

【练习 5-2】采集颜色信息。

(1) 选择"窗口"|"信息"命令，打开"信息"面板，然后选择颜色取样器工具，并将鼠标移动到图像中，可以看到鼠标所到之处图像的颜色信息，如图 5-13 所示。

(2) 在图像中单击一次，即可获取图像颜色，这时"信息"面板中将会显示这次获取的颜色值，如图 5-14 所示。

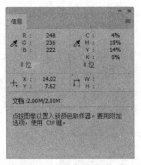

图 5-13　图像颜色信息

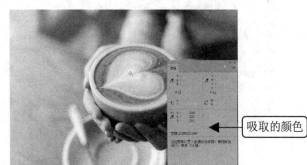

图 5-14　获取的颜色信息

(3) 使用颜色取样器工具在图像中最多可以设置 4 个采样点，在图像中再单击三次鼠标进行采样，得到的颜色信息如图 5-15 所示，图像中也会有采样点的标记。

注意：

用户使用颜色取样器工具在图像中采样后，如果想要重新设置采样点，可以单击属性栏中的"清除"按钮，即可重新设置图像中的采样点。

采样标记

图 5-15　4 个采样点颜色信息

5.1.5　存储颜色

在 Photoshop 中，用户可以对自定义的颜色进行存储，以方便以后直接调用。存储颜色包括存储单色和渐变色。

【练习 5-3】在色板中存储颜色。

(1) 设置前景色为需要保存的颜色，然后选择"窗口"|"色板"命令，将鼠标移至"色板"面板的空白处，如图 5-16 所示。

(2) 在"色板"面板空白处单击鼠标左键，弹出"色板名称"对话框，如图 5-17 所示，输入存储颜色的名称后，单击"确定"按钮，即可将颜色进行存储。

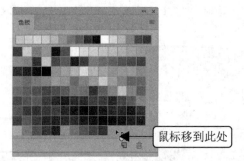

鼠标移到此处

图 5-16　将鼠标移动到面板中

图 5-17　设置名称

在"色板"面板中只能存储单一的颜色，用户还可以在渐变编辑器中存储渐变颜色。

【练习 5-4】存储渐变颜色。

(1) 选取工具箱中的渐变工具█，单击属性栏中的渐变编辑条██████▼，打开"渐变编辑器"对话框，设置好需要保存的渐变色，如图 5-18 所示。

(2) 单击"存储"按钮，打开"另存为"对话框，在"文件名"文本框中输入需要保存的渐变色名称，然后单击"保存"按钮，即可存储该渐变色，如图 5-19 所示。

图 5-18　"渐变编辑器"对话框

图 5-19　存储颜色

注意：

单击"渐变编辑器"对话框中的"新建"按钮，可以直接将编辑好的渐变色添加到预设样式中。

5.2　填充和描边图像

用户在绘制图像前首先需要设置好所需的颜色，当具备这一条件后，就可以将颜色填充到图像文件中。下面介绍几种常见的填充方法。

5.2.1　使用油漆桶工具

油漆桶工具 用于对图像填充前景色或图案，但是它不能应用于位图模式的图像。在工具箱中选择油漆桶工具 后，其属性栏如图 5-20 所示。

图 5-20　油漆桶工具属性栏

油漆桶工具属性栏中各选项的含义如下。

- 前景\图案：在该下拉列表框中可以设置填充的对象是前景色或是图案。
- 模式：用于设置填充图像颜色时的混合模式。
- 不透明度：用于设置填充内容的不透明度。
- 容差：用于设置填充内容的范围。
- 消除锯齿：用于设置是否消除填充边缘的锯齿。
- 连续的：用于设置填充的范围，选中此选项时，油漆桶工具只填充相邻的区域；未选中此选项，则不相邻的区域也被填充。
- 所有图层：选中该选项，油漆桶工具将对图像中的所有图层起作用。

【练习5-5】填充卡通图像。

(1) 打开"素材\第5章\卡通图像.jpg"文件，如图5-21所示。

(2) 设置前景色为天蓝色，在工具箱中选择油漆桶工具，在属性栏中设置"容差"为10，并选择"连续的"复选框，在背景图像中单击鼠标左键，即可将其填充为前景色，如图5-22所示。

图5-21　打开素材

单击

图5-22　填充颜色

(3) 设置前景色为黄色，在属性栏中设置"容差"为20，并取消选择"连续的"复选框，在太阳图像中单击鼠标左键，如图5-23所示。

(4) 在油漆桶工具属性栏中改变填充方式为"图案"，然后单击右侧的三角形按钮，在弹出的面板中选择一种图案样式，如图5-24所示。

图5-23　为太阳填充颜色

图5-24　选择图案

(5) 将鼠标移动到热气球中的浅灰色图像中单击，即可在指定的图像中填充选择的图案，如图5-25所示。

(6) 在属性栏中选择填充方式为"颜色"，然后分别设置前景色为蓝色和橘黄色，填充热气球中的其他灰色区域颜色，效果如图5-26所示。

图5-25　填充图案

图5-26　填充颜色

5.2.2　使用"填充"命令

使用"填充"命令可以对图像的选区或当前图层进行颜色和图案的填充，并且在填充的同时还可以设置填充颜色或图案的混合模式和不透明度。

【练习 5-6】为图像添加图案。

(1) 打开"素材\第 5 章\树藤图像.psd"文件，如图 5-28 所示，可以看到其背景为透明状态，如图 5-27 所示。

(2) 在"图层"面板中新建一个图层，得到图层 1，并按住鼠标拖动该图层到图层 0 的下方，如图 5-28 所示。

图 5-27　打开的图像文件

图 5-28　新建图层

(3) 选择"编辑"|"填充"命令，打开"填充"对话框，如图 5-29 所示。

(4) 在"填充"对话框中单击"内容"右边的三角形按钮，即可弹出其下拉菜单，选择"图案"选项，如图 5-30 所示。

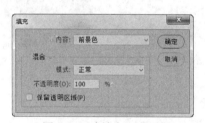

图 5-29　"填充"对话框

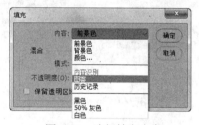

图 5-30　选择填充内容

"填充"对话框中各选项含义如下。

- 内容：在其下拉菜单中可设置填充的内容。包括"前景色"、"背景色"和"图案"等，如果在图像中有选区，并选择"内容识别"选项进行填充，系统将自动用选区周围的图像填充选区，得到自然过渡的色调与图案。
- 模式：在其下拉菜单中可设置填充内容的混合模式。
- 不透明度：可设置填充内容的透明程度。
- 保留透明区域：可以填充图层中的像素。

(5) 单击"自定图案"右侧的三角形按钮，将弹出一个面板，其中包含了系统自带的 13 种图案样式，这里选择"自然图案"样式，如图 5-31 所示。

(6) 在弹出的对话框中单击 "确定" 按钮，将图案载入到对话框中，选择 "草" 图案，如图 5-32 所示。

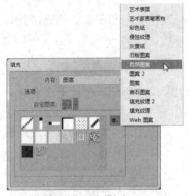

图 5-31　选择样式　　　　　　　　　　　　图 5-32　选择图案

(7) 单击 "确定" 按钮，即可将图案样式填充到背景图像中，如图 5-33 所示。

(8) 按 Ctrl + Z 组合键后退一步，然后打开 "填充" 对话框，在 "内容" 下拉列表中选择 "颜色" 选项，即可打开 "拾色器(填充颜色)" 对话框，在其中选择一种颜色，如图 5-34 所示，然后单击两次 "确定" 按钮即可得到填充的颜色，如图 5-35 所示。

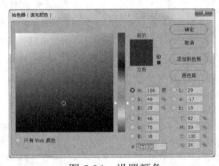

图 5-33　填充的图案　　　　　图 5-34　设置颜色　　　　　图 5-35　填充颜色

5.2.3　图像描边

描边选区是指使用一种颜色沿选区边界进行填充。选择 "编辑" | "描边" 命令，打开如图 5-36 所示的 "描边" 对话框，设置参数后单击 "确定" 按钮即可描边选区。该对话框中各选项的含义如下。

- 宽度：在该数值框中输入数值，可以设置描边后生成填充线条的宽度，其取值范围为 1~250 像素。
- 颜色：用于设置描边的颜色，单击其右侧的颜色图标可以打开 "拾色器" 对话框，在其中可设置其他描边颜色。

图 5-36　"描边" 对话框

- 位置：用于设置描边位置。"内部"表示在选区边界以内进行描边；"居中"表示以选区边界为中心进行描边；"居外"表示在选区边界以外进行描边。
- 混合：设置描边后颜色的不透明度和着色模式。
- 保留透明区域：选中后进行描边时将不影响原图层中的透明区域。

【练习5-7】为图像做描边效果。

(1) 打开"素材\第 5 章\玻璃球.jpg"文件，使用椭圆选框工具在图像中绘制一个圆形选区，如图 5-37 所示。

(2) 选择"编辑"|"描边"命令，打开"描边"对话框，设置"宽度"为30 像素，设置"位置"为"居中"，选择模式为"叠加"模式，如图 5-38 所示。

图 5-37　绘制选区

图 5-38　设置描边选项

(3) 单击"颜色"右侧的色块，在打开的对话框中设置描边为白色，如图 5-39 所示。

(4) 单击"确定"按钮，按 Ctrl+D 组合键取消选区，即可得到描边图像效果，如图 5-40 所示。

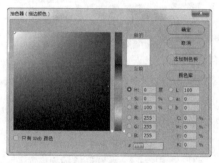

图 5-39　设置描边颜色

图 5-40　描边效果

5.2.4　课堂案例——制作春季海报

本实例将制作一个春季海报广告，主要练习图像的描边和填充图案等操作，实例效果如图 5-41 所示。

图 5-41　实例效果

实例分析

使用描边命令可以制作出图像的边框效果，并在其中添加各种花朵树叶等素材图像，得到美妙的画面。再通过绘制选区，使用油漆桶工具和"填充"命令做实底填充，得到色块图像，使读者能够更加熟悉各种填充工具的运用。

操作步骤

(1) 打开"素材\第 5 章\背影.psd"文件，按住 Ctrl 键的同时单击图层 1，载入人物图像选区，如图 5-42 所示。

(2) 新建一个图层，然后选择"编辑"|"描边"命令，打开"描边"对话框，设置描边"宽度"为 5、颜色为黑色，"位置"为"居中"，如图 5-43 所示。

图 5-42　载入选区

图 5-43　设置描边选项

(3) 单击"确定"按钮，得到图像描边效果，单击图层 1 前面的眼睛图标，隐藏图层，如图 5-44 和 5-45 所示。

(4) 打开"素材\第 5 章\花朵.psd"文件，使用移动工具分别将两个图层图像拖动到当前编辑的图像中，如图 5-46 所示。

(5) 按住 Ctrl 键单击图层 1，载入人物图像选区，选择"选择"|"反选"命令，按 Delete 键删除选区中的图像，得到如图 5-47 所示的效果。

图 5-44　隐藏图层

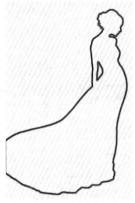

图 5-45　图像描边效果

图 5-46　添加素材图像

图 5-47　删除部分图像

　　(6) 新建一个图层，选择矩形选框工具，在图像中绘制一个矩形选区，如图 5-48 所示。

　　(7) 选择"编辑"|"填充"命令，打开"填充"对话框，在"内容"下拉列表框中选择"颜色"选项，如图 5-49 所示。

　　(8) 在打开的"拾色器(填充颜色)"对话框中设置颜色为洋红色(R207,G6,B65)，如图 5-50 所示。

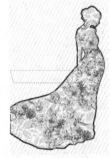

图 5-48　绘制选区

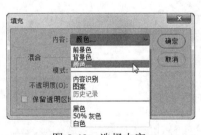

图 5-49　选择内容

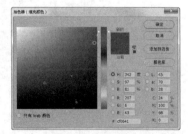

图 5-50　设置颜色

　　(9) 单击"确定"按钮，即可填充选区颜色，如图 5-51 所示。

　　(10) 选择多边形选框工具，按住 Shift 键进行加选，在洋红色图像左右两侧分别绘制一个三角形选区，如图 5-52 所示。

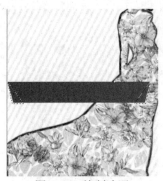

图 5-51　填充选区　　　　　　　　　　图 5-52　绘制选区

　　(11) 设置前景色为深红色(R147,G0,B43)，选择油漆桶工具，通过在选区中单击鼠标填充选区颜色，如图 5-53 所示。

　　(12) 选择横排文字工具，在画面中输入文字，参照如图 5-54 所示的样式排列，分别设置文字颜色为洋红色(R207,G6,B65)和白色。

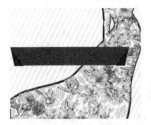

图 5-53　填充选区　　　　　　　　　　图 5-54　输入文字

　　(13) 在"图层"面板中选择"50%"文字图层，选择"文字"|"栅格化文字图层"命令，将文字图层转换为普通图层。

　　(14) 选择矩形选框工具框选住文字下半截，按 Delete 键删除图像，如图 5-55 所示。

　　(15) 打开"素材\第 5 章\蝴蝶.psd、树叶.psd"文件，使用移动工具分别将两个图像拖动到当前编辑的图像中，放到画面左上方，效果如图 5-56 所示，完成本实例的制作。

图 5-55　删除图像　　　　　　　　　　图 5-56　完成效果

5.3　为图像填充渐变色

　　用户在绘制图像前首先需要设置好所需的颜色，当具备这一条件后，就可以将颜色填充到图像文件中。渐变工具和油漆桶工具都是图像填充工具，但功能不同，填充效果也不同，下面将为读者介绍渐变工具的使用方法。

5.3.1　填充渐变色

渐变工具可以创建多种颜色间的逐渐混合，用户可以在对话框中选择预设渐变颜色，也可以自定义渐变颜色。 选择渐变工具▣后，其工具属性栏如图 5-57 所示。

图 5-57　渐变工具属性栏

渐变工具属性栏中各选项含义如下。

- 　　　　　：单击其右侧的三角形按钮将打开渐变工具面板，其中提供了 10 种颜色渐变模式供用户选择，单击面板右侧的 ✿ 按钮，在弹出的下拉菜单中可以选择其他渐变集。
- 渐变类型▣▣▣▣▣：其中的 5 个按钮分别代表 5 种渐变方式，分别是线性渐变、径向渐变、角度渐变、对称渐变和菱形渐变，应用效果如图 5-58 所示。

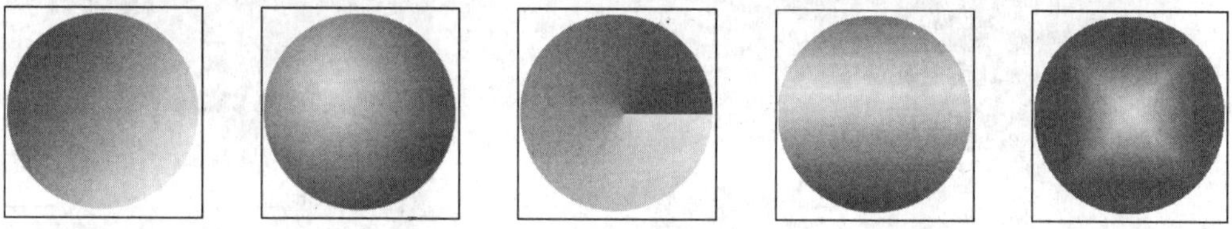

(a) 线性渐变　　　(b) 径向渐变　　　(c) 角度渐变　　　(d) 对称渐变　　　(e) 菱形渐变

图 5-58　5 种渐变的不同效果

- 模式：用于设置应用渐变时图像的混合模式。
- 不透明度：可设置渐变时填充颜色的不透明度。
- 反向：选中此选项后，产生的渐变颜色将与设置的渐变顺序相反。
- 仿色：选中此选项，在填充渐变颜色时，将增加渐变色的中间色调，使渐变效果更加平缓。
- 透明区域：用于关闭或打开渐变图案的透明度设置。

【练习 5-8】为图像应用渐变色填充。

(1) 选择"文件"|"新建"命令，新建一个图像文件，选择工具箱中的渐变工具▣，单击属性栏左侧的渐变色条▬▬，打开"渐变编辑器"对话框，如图 5-59 所示。

(2) 在"预设"选项中选择一种预设样式，该渐变样式将会出现在下面的渐变条上，如图 5-60 所示。

注意：

在渐变条中单击下方的色标即可将它选中，最左侧的色标代表了渐变色的起点，最右侧的色标代表了渐变色的终点。在渐变条下方双击，即可添加一个色标，按住色标向下拖动，即可删除该色标。

图 5-59　"渐变编辑器"对话框

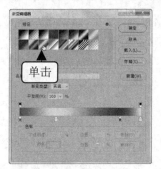

图 5-60　选择"铜色"渐变样式

(3) 选择渐变效果编辑条最左侧的色标，双击该色标，即可打开"拾色器(色标颜色)"对话框，设置颜色值为蓝色(R73,G128,B203)，如图 5-61 所示。

(4) 单击"确定"按钮，然后分别选择中间两个色标，单击对话框右下方的"删除"按钮，即可将其删除，如图 5-62 所示。

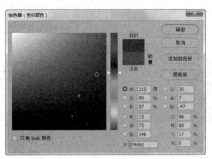

图 5-61　设置颜色

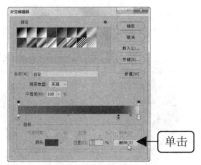

图 5-62　删除色标

(5) 在渐变编辑条下方单击鼠标，可以添加一个色标，将该色标颜色设置为深蓝色(R33,G51,B107)，然后在"位置"文本框中输入 67，即可将新增的色标设置到渐变编辑条上所对应的位置，如图 5-63 所示。

(6) 单击"确定"按钮后回到画面中，然后使用椭圆选框工具在图像中绘制一个圆形选区。

(7) 选择渐变工具，在属性栏中单击"径向渐变"按钮█，然后在选区按住鼠标左键从选区左上方向右下角拖动，如图 5-64 所示，得到渐变颜色填充效果如图 5-65 所示。

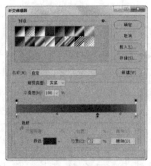

图 5-63　新增颜色

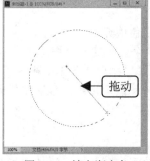

图 5-64　填充渐变色

图 5-65　填充效果

5.3.2　杂色渐变

在"渐变编辑器"对话框中还可以设置杂色渐变，杂色渐变包含了在指定范围内随机分布的颜色。单击"渐变类型"右侧的三角形按钮，在下拉列表中即可选择"杂色" 选项，如图 5-66 所示。

图 5-66　"杂色"选项

杂色渐变中的各选项含义如下。

- 粗糙度：用于设置渐变颜色的粗糙度，数值越高，颜色的层次变化越丰富，但颜色间的过渡越粗糙。
- 颜色模型：在其下拉列表框中可以选择所需的颜色模型，包括 RGB、HSB 和 LAB，分别拖动下方的滑块可以设置所需的渐变颜色，如图 5-67、图 5-68 和图 5-69 所示。

图 5-67　RGB 模型　　　　　图 5-68　HSB 模型　　　　　图 5-69　LAB 模型

- 限制颜色：选中此选项，即可将颜色限制在可打印的范围内。
- 增加透明度：选中此选项，即可在渐变中添加透明像素。
- 随机化：单击该按钮，系统将随机生成一个新的渐变颜色。

5.3.3　存储与载入渐变色

"渐变编辑器"对话框中还可以载入各种渐变颜色，单击渐变列表右上方的 ✿ 按钮，在弹出的菜单中包含了 Photoshop 提供的预设渐变库，如图 5-70 所示。选择其中一种样式将打开一个提示对话框，单击"确定"按钮，即可替换当前列表框中的渐变色，单击"追加"按钮即可将颜色添加在列表框后面，如图 5-71 所示。

注意：
在"渐变编辑器"对话框中编辑好渐变颜色后，单击对话框中的"新建"按钮，即可将该颜色保存到渐变列表中。

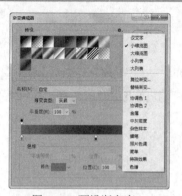

图 5-70　预设渐变库

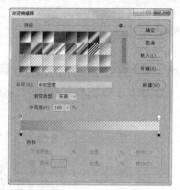

图 5-71　追加样式

5.3.4　课堂案例——制作水晶世界

本实例将制作一个水晶球，主要练习对图像进行渐变颜色填充和透明填充，实例效果如图 5-72 所示。

图 5-72　实例效果

实例分析

在使用渐变工具的操作中，通过对颜色和渐变方式的调整，可以制作出具有立体感的圆球图像，再通过设置色标、不透明度等操作，得到立体透明圆球效果。对于投影的制作，使用橡皮擦工具适当擦除图像，可以得到具有通透感的透明图像，让效果更加真实。

操作步骤

(1) 打开"素材\第 5 章\草地.psd"文件，选择工具箱中的椭圆选框工具，按住 Shift 键在图像中绘制一个正圆形选区，如图 5-73 所示。

(2) 新建一个图层，选择渐变工具，单击属性栏左上方的渐变色条，打开"渐变编辑器"对话框，设置渐变颜色为浅绿色(R108,G136,B137)、白色、深绿色(R34,G87,B77)、绿色(R84,G154,B147)，如图 5-74 所示。

图 5-73　绘制圆形选区

图 5-74　设置渐变颜色

（3）在白色色标上方单击，添加一个不透明度色标，然后在"不透明度"数值框中设置参数为 50%，如图 5-75 所示。

（4）单击"确定"按钮回到画面中，单击属性栏中的"径向渐变"按钮，在选区中间拖动鼠标，对其应用渐变填充，如图 5-76 所示。

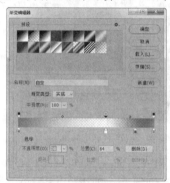

图 5-75　设置渐变颜色

图 5-76　渐变填充选区

（5）按 Ctrl+D 组合键取消选区，得到渐变填充效果，中间部分为白色透明效果，如图 5-77 所示。

（6）按 Ctrl+J 组合键复制一次图层 1，选择"编辑"|"自由变换"命令，按住 Ctrl 键将图像向下拖动并调整为图 5-78 所示的形状，然后按 Enter 键进行确定。

图 5-77　渐变填充效果

图 5-78　变换图像

（7）选择橡皮擦工具，在属性栏中设置"不透明度"为 50%，对变换后的图像做适当的擦除，得到投影效果，如图 5-79 所示。

(8) 打开"大树.psd"、"小草坪.psd"素材图像，使用移动工具分别将其拖动到当前编辑的图像中，放到圆形图像中，如图 5-80 所示。

图 5-79　制作投影图像　　　　　　　　　　　图 5-80　添加素材图像

(9) 选择钢笔工具，在圆形图像底部绘制一个半圆弧图形，如图 5-81 所示。按 Ctrl+Enter 组合键将路径转换为选区，如图 5-82 所示。

图 5-81　绘制半圆弧图形　　　　　　　　　　　图 5-82　转换为选区

(10) 选择渐变工具，单击属性栏左侧的渐变色条，打开"渐变编辑器"对话框，设置渐变颜色从绿色(R21,G71,B69)到透明，并调整不透明度色标位置，如图 5-83 所示。

(11) 单击"确定"按钮回到画面中，在属性栏中单击"线性渐变"按钮，在选区左下方向右上方拖动鼠标，得到半透明渐变填充效果，如图 5-84 所示。

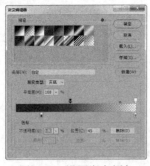

图 5-83　设置渐变颜色　　　　　　　　　　　图 5-84　透明渐变填充

(12) 打开"蝴蝶.psd"素材图像，使用移动工具将其拖动到当前编辑的图像中，放到水晶球右上方，效果如图 5-85 所示，完成本实例的制作。

图 5-85　添加蝴蝶图像

5.4　思考练习

1. RGB 颜色模式中的 R、G、B 分别代表_____。

A. 红色、绿色、黄色　　　　　　　　B. 红色、绿色、蓝色

C. 紫色、绿色、黄色　　　　　　　　D. 青色、绿色、黄色

2. CMYK 颜色模式中的 C、M、Y、K 分别代表_____。

A. 红色、绿色、黄色、黑色　　　　　B. 品红色、绿色、蓝色、青色

C. 紫色、绿色、黄色、黑色　　　　　D. 青色、品红色、黄色、黑色

3. HSB 颜色模式中的 H、S、B 分别表示_____。

A. 红色、绿色、蓝色　　　　　　　　B. 色调、饱和度、蓝色

C. 绿色、黄色、黑色　　　　　　　　D. 色调、饱和度、亮度

4. 油漆桶工具 用于对图像填充_____。

A. 前景色　　　　　　　　　　　　　B. 图案

C. 前景色或背景色　　　　　　　　　D. 前景色或图案

5. 吸管工具的作用是什么？

6. 如何在"色板"面板中保存颜色？

7. 如何对图像选区进行描边？

8. 在"拾色器"对话框中包括哪几种用于设置颜色的色彩模式？

9. 在 Photoshop 中，有哪几种渐变类型？

第 **6** 章

创建与编辑选区

　　选区是 Photoshop 中十分重要的功能之一。在
Photoshop 中创建选区的方法有很多,可以通过规则选框
工具、套索工具、魔棒工具、快速选择工具创建选区,
也可以通过"色彩范围"命令创建选区。

6.1 认识选区

在 Photoshop 中，大多数操作都不是针对整个图像的，因此就需要用户建立选区来指定操作的区域。

6.1.1 选区的作用

选区是通过各种选区绘制工具在图像中提取的全部或部分图像区域，选区在 Photoshop 图像中呈流动的蚂蚁爬行状显示，如图 6-1 所示。

在图像中建立选区后，对图像的处理范围将只限于选区内的图像。因此，选区在图像处理时起着保护选区外图像的作用，约束各种操作只对选区内的图像有效，防止选区外的图像受到影响。例如，使用画笔工具对图 6-1 所示的图像进行涂抹时，其作用范围将只限于矩形选区内的图像，效果如图 6-2 所示。

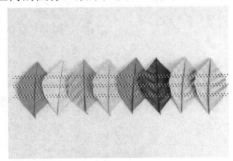
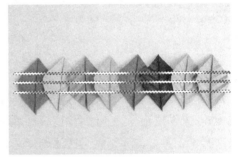

图 6-1 选区状态　　　　　　　　　图 6-2 在选区内填充颜色

6.1.2 选区的基本操作

在学习选区工具和命令的运用之前，首先来学习一下选区的基本操作方法，以便在创建选区后能更好地对其进行各种编辑操作。

1. 全选与反选

在一幅图像中，用户可以通过简单的方法对图像进行全选操作，或者在获取选区后，对图像进行反向选择操作。

- 选择"选择"|"全部"命令，或按 Ctrl＋A 组合键即可全选图像。
- 选择"选择"|"反向"命令，或按 Ctrl+Shift+I 组合键即可反向选区。

2. 取消与重新选择

创建选区以后，选择"选择"|"取消选择"命令，或按 Ctrl+D 组合键，可以取消选区。如果要恢复被取消的选区，可以选择"选择"|"重新选择"命令。

3. 移动选区

使用选框工具可以直接移动选区，也可以使用移动工具 ⊹ 在移动选区的同时移动选区内的图像。

【练习 6-1】移动选区和选区中的图像。

(1) 打开一幅素材图像，选择磁性套索工具沿着最下方的白色花朵边缘创建一个选区，如图 6-3 所示。

(2) 将鼠标指针放到选区中，当鼠标指针变成 ⊹ 形状时，按住鼠标进行拖动，即可移动选区，如图 6-4 所示。

　　　图 6-3　创建选区　　　　　　　　　图 6-4　移动选区

(3) 按 Ctrl+Z 组合键后退一步操作，直接使用移动工具 ⊹ 移动选区，移动后的原位置将以背景色填充，效果如图 6-5 所示。

(4) 按 Ctrl+Z 组合键后退一步操作。选择移动工具 ⊹，按 Alt 键移动选区，可以移动并且复制选区中的图像，效果如图 6-6 所示。

　　图 6-5　移动选区图像　　　　　　图 6-6　移动并复制选区图像

4. 隐藏与显示选区

在图像中创建选区后，可以对选区进行隐藏或显示。选择"视图"|"显示"|"选区边缘"命令，或按 Ctrl+H 组合键隐藏选区。

注意：

当用户在对选区内图像使用滤镜命令或画笔工具进行操作后，隐藏选区可以更好地观察图像边缘状态。

6.2 创建规则选区

在 Photoshop 中，使用选框工具绘制选区是图像处理过程中使用最频繁的操作。通过选框工具可绘制出规则的矩形或圆形选区，这些工具分别为矩形选框工具、椭圆选框工具、单行选框工具和单列选框工具。

6.2.1 使用矩形选框工具

使用矩形选框工具▦可以绘制出矩形选区，并且还可以配合属性栏中的各项设置绘制出一些特定大小的矩形选区。选择工具箱中的矩形选框工具▦后，其工具属性栏如图 6-7 所示。

| □□ ∨ | ▦ ▣ ▣ ▣ | 羽化: 0 像素 | 消除锯齿 | 样式: 正常 ∨ | 宽度: | ⇄ | 高度: | 选择并遮住… | ⌕ ▦ ∨ |

图 6-7　矩形工具属性栏

矩形工具属性栏中各选项的作用如下。

- ▦ ▣ ▣ ▣ 按钮：主要用于控制选区的创建方式。
- 羽化：在该文本框中输入数值可以在创建选区后得到使选区边缘柔化的效果，羽化值越大，则选区的边缘越柔和。
- 消除锯齿：当选择椭圆选框工具时该选项才可启用，主要用于消除选区锯齿边缘。
- 样式：在该下拉列表框中可以选择设置选区的形状。其中"正常"为默认设置，可创建不同大小的选区；选择"固定比例"所创建的选区长宽比与设置保持一致；"固定大小"选项用于锁定选区大小。
- 选择并遮住：单击该按钮，将进入相应的界面中，在左侧工具箱中使用选区工具进行修改，在右侧的"属性"面板中可以定义边缘的半径、对比度和羽化程度等，并对选区进行收缩和扩充，以及选择多种显示模式。

【练习 6-2】绘制矩形选区。

(1) 打开"素材\第 6 章\卡通花朵.jpg"文件，在工具箱中选择矩形选框工具▦，将光标移到图像窗口左下方，按住鼠标左键进行拖动创建出一个矩形选区，如图 6-8 所示。

(2) 设置前景色为白色，按 Alt+Delete 组合键填充选区，效果如图 6-9 所示。

图 6-8　绘制矩形选区

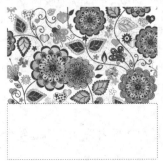

图 6-9　填充选区颜色

注意：

使用矩形选框工具绘制选区时，按 Shift 键的同时拖动鼠标，可以绘制出一个正方形选区；按 Alt 键的同时拖动鼠标，将以单击点为中心绘制选区；按 Alt+Shift 组合键的同时拖动鼠标，将以中心向外绘制正方形选区。

(3) 按 Ctrl+D 组合键取消选区，在白色矩形左侧再绘制一个竖式的矩形选区，如图 6-10 所示。

(4) 单击属性栏中的"添加到选区"按钮，绘制多个相同宽度的矩形选区，得到添加矩形选区的效果，如图 6-11 所示。

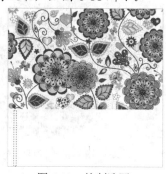

图 6-10 绘制选区

图 6-11 添加的选区

(5) 设置前景色为粉红色(R254,G94,B168)，按 Alt+Delete 组合键填充选区，然后按 Ctrl+D 组合键取消选区，效果如图 6-12 所示。

(6) 选择矩形选框工具，在粉红色矩形组图像顶部绘制一个细长的矩形选区，填充为深红色(R147,G36,B79)，如图 6-13 所示，然后按 Ctrl + D 组合键取消选区。

(7) 打开"素材\第 6 章\蝴蝶结.psd"文件，选择移动工具将图像拖动到当前编辑的图像中，然后将蝴蝶结放到深红色矩形中间，效果如图 6-14 所示，完成本例的操作。

图 6-12 填充选区

图 6-13 填充选区

图 6-14 添加素材图像

6.2.2 使用椭圆选框工具

使用椭圆选框工具可以绘制椭圆形及正圆形选区，其属性栏中的选项及功能与矩形选框工具基本相同。

【练习 6-3】使用椭圆选框工具绘制立体圆球。

(1) 在工具箱中选择椭圆选框工具 ⬚，将光标移到图像中，按住 Shift 键拖动鼠标创建出一个正圆形选区，如图 6-15 所示。

(2) 选择渐变工具，单击属性栏左上方的渐变色条，打开"渐变编辑器"对话框，设置渐变颜色从蓝色(R85,G152,B211)到深蓝色(R30,G53,B119)，效果如图 6-16 所示。

(3) 单击"确定"按钮回到画面中，单击属性栏中的"径向渐变"按钮 ⬚，在选区中间向外侧拖动鼠标进行渐变填充，效果如图 6-17 所示。

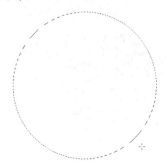

图 6-15　绘制正圆选区　　　　图 6-16　设置渐变颜色　　　　图 6-17　渐变填充选区

(4) 选择椭圆选框工具，在圆形图像上方按住鼠标左键拖动，绘制一个椭圆形选区，如图 6-18 所示。

(5) 选择渐变工具，在属性栏中设置渐变方式为"线性渐变"，打开"渐变编辑器"对话框，设置渐变颜色从白色到透明，如图 6-19 所示。

(6) 单击"确定"按钮，在椭圆选区中按住鼠标左键从上到下拖动，得到透明渐变效果，如图 6-20 所示。

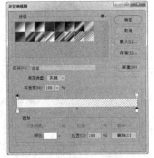

图 6-18　绘制椭圆选区　　　　图 6-19　设置渐变颜色　　　　图 6-20　填充效果

(7) 选择椭圆选框工具，单击属性栏中的"添加到选区"按钮 ⬚，按住 Shift 键在图像中绘制多个正圆形选区，并填充为白色，如图 6-21 所示。

(8) 在属性栏中设置"羽化"参数为 20，在圆球底部绘制一个椭圆形羽化选区，如图 6-22 所示。

(9) 选择渐变工具，在属性栏中设置渐变方式为"径向渐变"，对选区应用从蓝色(R85,G152,B211)到深蓝色(R30,G53,B119)渐变填充，得到投影效果，如图 6-23 所示。

图 6-21　加选选区

图 6-22　绘制羽化选区

图 6-23　绘制投影

6.2.3　使用单行/单列选框工具

使用单行选框工具 和单列选框工具 可以在图像中创建具有一个像素宽度的水平或垂直选区。

选择工具箱中的单行或单列工具,在图像窗中单击即可创建单行和单列选区。如图 6-24 和图 6-25 所示为放大显示创建后的单行和单列选区。

图 6-24　单行选区

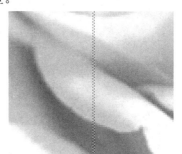
图 6-25　单列选区

6.3　创建不规则选区

使用选框工具只能绘制具有规则几何形状的选区,而在实际工作中需要的选区远不止这么简单,用户可以通过 Photoshop 中的其他选框工具来创建各种复杂形状的选区。

6.3.1　使用套索工具

在实际工作中,用户常常需要创建各种形状的选区,这时就可以通过套索工具组来完成,套索工具组中的属性栏选项及功能与选框工具组基本相同。

1. 套索工具

套索工具 主要用于创建手绘类不规则选区,但不能用于精确绘制选区。

选择工具箱中的套索工具  ，将鼠标指针移到要选取的图像起点处，按住鼠标左键不放沿图像的轮廓移动鼠标指针，如图 6-26 所示，完成后释放鼠标，绘制的套索线将自动闭合成为选区，如图 6-27 所示。

图 6-26　按住鼠标拖动	图 6-27　得到选区

2．多边形套索工具

多边形套索工具  适用于对边界为直线型图像进行选取，它可以轻松地绘制出多边形形状的图像选区。

【练习 6-4】 使用多边形选区更换手机屏幕。

(1) 打开 "素材\第 6 章\手机.jpg" 文件，在工具箱中选择多边形套索工具 ，将光标移到图像窗口中间，在手机界面左上角单击鼠标左键，得到选区起点，如图 6-28 所示。

(2) 沿着手机界面边缘向右侧移动鼠标，到折角处单击鼠标，得到第二个点，继续移动光标，分别到界面的其他两个点单击，并返回起点处，如图 6-29 所示，得到一个四边形选区，如图 6-30 所示。

图 6-28　创建起点	图 6-29　创建多边形选区	图 6-30　得到选区

(3) 按 Ctrl+J 组合键复制选区中的图像，得到图层 1，如图 6-31 所示。

(4) 打开 "素材\第 6 章\手机屏幕.psd" 文件，使用移动工具将其拖动到手机图像中，将其调整到界面图像中间，如图 6-32 所示。

(5) 选择 "图层" | "创建剪贴蒙版" 命令，即可将素材图像装入手机屏幕中，效果如图 6-33 所示。

图 6-31　复制图像

图 6-32　添加素材图像

图 6-33　图像效果

3.磁性套索工具

磁性套索工具适用于在图形颜色与背景颜色反差较大的区域创建选区，使用该工具可以轻松绘制出外边框很复杂的图像选区。

选择工具箱中的磁性套索工具按钮，按住鼠标左键不放沿图像的轮廓拖动鼠标指针，鼠标经过的地方会自动产生节点，并且自动捕捉图像中对比度较大的图像边界，如图 6-34 所示，当到达起始点时单击鼠标即可得到一个封闭的选区，如图 6-35 所示。

图 6-34　沿图像边缘创建选区

图 6-35　得到选区

注意：

在使用磁性套索工具时，可能会由于抖动或其他原因而使边缘生成一些多余的节点，这时可以按 Delete 键来删除最近创建的磁性节点，然后再继续绘制选区。

6.3.2　使用魔棒工具

使用魔棒工具可以选择颜色一致的图像，从而获取选区，因此该工具常用于选择颜色对比较强的图像。

选择工具箱中的魔棒工具后，其属性栏如图 6-36 所示。

图 6-36　魔棒工具属性栏

- 容差：用于设置选取的色彩范围值，单位为像素，取值范围为 0~255。输入的数值越大，选取的颜色范围也越大；数值越小，选择的颜色值就越接近，得到选区的范围就越小。
- 消除锯齿：用于消除选区锯齿边缘。

- 连续：选中该选项表示只选择颜色相邻的区域，取消选中时会选取颜色相同的所有区域。

- 对所有图层取样：当选中该选项后可以在所有可见图层上选取相近的颜色区域。

【练习 6-5】使用魔棒工具抠取图像。

(1) 打开 "素材\第 6 章\海豚.jpg" 文件，选择工具箱中的魔棒工具 ✐，在属性栏中设置 "容差" 值为 10，并且选中 "连续" 复选框，在图像中单击左下方背景区域，可以获取部分图像选区，如图 6-37 所示。

(2) 按住 Shift 键单击右上方的背景图像添加选区，得到整个背景图像选区，如图 6-38 所示。

图 6-37　获取部分选区　　　　　　　　　图 6-38　获取整个背景选区

(3) 选择 "选择" | "反向" 命令，得到海豚图像选区。

(4) 打开 "素材\第 6 章\海水.jpg" 文件，使用移动工具将海豚图像直接拖动到海水图像中，如图 6-39 所示，"图层" 面板中将自动生成 "图层 1"。

(5) 按 Ctrl+T 组合键，海豚图像周围出现一个变换框，将鼠标放到变换框左侧，适当向左上方旋转，如图 6-40 所示，按 Enter 键进行确定，得到如图 6-41 所示的变换效果。

图 6-39　移动图像　　　　　　图 6-40　旋转图像　　　　　　图 6-41　完成效果

6.3.3　使用快速选择工具

选择快速选择工具 ✐ 后，在属性栏中可以调整快速选择工具的画笔大小等属性，并通过拖动鼠标快速 "绘制" 出选区。

选择快速选择工具 ✐，在图像中需要选择的区域拖动鼠标，鼠标拖动经过的区域将会被选择，如图 6-42 所示。在不释放鼠标的情况下继续沿着需要的区域拖动鼠标，直至得到需要的选区，然后释放鼠标即可，如图 6-43 所示。

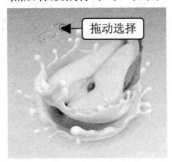

图 6-42　拖动经过要选择的区域

图 6-43　沿黄色背景拖动后的选区

6.3.4　使用"色彩范围"命令

使用"色彩范围"命令可以在图像中创建与预设颜色相似的图像选区，并且可以根据需要调整预设颜色，该命令比魔棒工具选取的区域更广。选择"选择"|"色彩范围"命令，打开"色彩范围"对话框，如图 6-44 所示。

图 6-44　"色彩范围"对话框

"色彩范围"对话框中部分选项的作用如下。

- 选择：用来设置预设颜色的范围，在其下拉列表框中分别有取样颜色、红色、黄色、绿色、青色、蓝色、洋红、高光、中间调和阴影等选项。
- 颜色容差：该选项与魔棒工具属性栏中的"容差"选项功能一样，用于调整颜色容差值的大小。

【练习 6-6】使用"色彩范围"命令为酒杯图像更换背景。

(1) 打开"素材\第 6 章\酒杯.jpg"文件，如图 6-45 所示。

(2) 选择"选择"|"色彩范围"命令，打开"色彩范围"对话框，单击图像中需要选取的颜色，再设置"颜色容差"参数，如图 6-46 所示。

(3) 单击对话框右侧的"添加到取样"按钮，在预览框中单击背景中的浅灰色区域，如图 6-47 所示。

图 6-45　打开素材图像　　　　　图 6-46　设置参数　　　　　图 6-47　图像选区

(4) 单击 "确定" 按钮，得到背景图像选区，按 Shift+Ctrl+I 组合键反选选区，得到酒杯图像选区，如图 6-48 所示。

(5) 打开 "素材\第 6 章\圆形背景.jpg" 文件，使用移动工具将酒杯图像拖动到圆形背景图像中，如图 6-49 所示。

图 6-48　酒杯图像选区　　　　　　　　图 6-49　添加背景

6.3.5　课堂案例——制作瓶中花

本实例将制作一个瓶中花合成图像，主要练习使用选区工具对图像进行抠图，实例效果如图 6-50 所示。

图 6-50　实例效果

实例分析

本实例主要通过获取图像选区来抠取图像，首先使用磁性套索工具沿着图像边缘勾选，从而获取蜗牛图像选区，然后使用魔棒工具获取向日葵图像选区，再将图像移动到玻璃瓶图像中，适当调整后，即可得到瓶中花图像效果。

操作步骤

(1) 打开"素材\第 6 章\玻璃瓶.jpg"和"蜗牛 jpg"图像，如图 6-51 和图 6-52 所示，然后选择"蜗牛"图像作为当前编辑的图像。

图 6-51　玻璃瓶图像

图 6-52　蜗牛图像

(2) 选择磁性套索工具，在属性栏中设置羽化值为 5 像素，沿着蜗牛图像边缘进行勾选，如图 6-53 所示，然后回到起点，得到图像选区。

(3) 使用移动工具将蜗牛图像直接拖动到玻璃瓶图像中，按 Ctrl+T 组合键适当缩小图像，并放到玻璃瓶下方，效果如图 6-54 所示。

图 6-53　选择图像

图 6-54　放到瓶底

(4) 选择"图层"|"图层样式"|"投影"命令，打开"图层样式"对话框，设置投影颜色为黑色，其他参数设置如图 6-55 所示。

(5) 单击"确定"按钮，得到蜗牛的投影效果，如图 6-56 所示。

(6) 打开"素材/第 6 章/向日葵.jpg"图像。

(7) 选择魔棒工具，在属性栏中设置"容差"值为 20 像素，单击白色背景图像获取选区，如图 6-57 所示。

(8) 按 Shift+Ctrl+I 组合键反选选区，得到向日葵图像选区，使用移动工具将其直接拖动到本例编辑的玻璃瓶图像中，如图 6-58 所示。

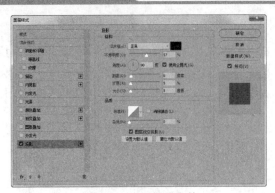

图 6-55　设置投影参数

图 6-56　投影效果

图 6-57　获取选区

图 6-58　添加向日葵图像

注意：

将向日葵图像添加到玻璃瓶中后，可以使用橡皮擦工具适当对向日葵叶杆底部进行擦除，使其与下面的草地图像自然融合。

(9) 选择横排文字工具，在玻璃瓶右侧的白色图像中输入文字，参照如图 6-59 所示的效果进行排列，完成本实例的制作。

图 6-59　输入文字

6.4　细化选区

对于毛发类等细节较多的图像，直接使用魔棒工具、快速选择工具等都不能完整地获取图像选区。这时必须对选区进行细节上的处理，才能达到所需的效果。

6.4.1　选择视图模式

打开一幅素材图像，使用魔棒工具单击图像背景，创建得到大致的背景图像选区，如图
6-60 所示。选择"选择"|"选择并遮住"命令，或单击属性栏中的 选择并遮住... 按钮，打开
相应的"属性"面板，然后单击"视图"下拉列表框，在其中可以选择一种视图模式，以便
于更好地观察选区的调整结果，如图 6-61 所示。

图 6-60　获取背景选区　　　　　　　　图 6-61　"属性"面板

- 洋葱皮：选择该选项，可以使图像以半透明方式显示，在"属性"面板中可以设置
  透明度参数，如图 6-62 所示。
- 闪烁虚线：选择该选项可以查看具有闪烁边界标准选区，在羽化的边缘选区中，边
  界将会围绕被选择 50%以上的像素。
- 叠加：选择该选项，可以在快速蒙版状态下查看选区。
- 黑底：选择该选项，选区内的图像以黑色覆盖，调整透明度参数可以设置覆盖程度，
  如图 6-63 所示。
- 白底：选择该选项，选区内的图像以白色覆盖。

图 6-62　"洋葱皮"模式　　　　　　　图 6-63　"黑底"模式

- 黑白：选择该选项，可以预览用于定义选区的通道蒙版，如图 6-64 所示。
- 图层：选择该选项，可以查看选区以外的图像，如图 6-65 所示。

图 6-64 "黑白"模式

图 6-65 "图层"模式

6.4.2 调整选区边缘

打开一幅素材图像,在其中绘制一个椭圆形选区,如图 6-66 所示,单击属性栏中的 选择并遮住... 按钮,打开相应的"属性"面板,展开"边缘检测"、"全局调整"两个选项组,在其中可以对选区进行平滑、羽化、扩展等处理,如图 6-67 所示。

图 6-66 绘制选区

图 6-67 展开选项

设置"视图模式"为"图层",调整"属性"面板中的各项参数,可以预览选区效果。

- 调整"平滑"和"羽化"参数,参数值越大,选区边缘越圆滑,图像边缘也呈现透明效果,如图 6-68 所示。
- 设置"对比度"参数,可以锐化选区边缘,并去除模糊的不自然感,对于一些羽化后的选区,可以减弱或消除羽化效果,如图 6-69 所示。
- 设置"移动边缘"参数可以扩展或收缩选区边界,如图 6-70 所示为扩展选区边界。

图 6-68 设置羽化和平滑值

图 6-69 设置对比度参数

图 6-70 设置选区边界

注意:

用户在调整好选区后,可以单击属性面板中的"确定"按钮,或按 Enter 键,即可退出选区编辑模式,回到图像中,得到编辑后的选区效果。

6.4.3　选区输出设置

单击 选择并遮住... 按钮后,在"属性"面板底部有一个"输出"选项组,在其中可以设置消除选区杂色和设置选区的输出方式,如图 6-71 所示。

选中"净化颜色"复选框,即可自动去除图像边缘的彩色杂边,在"输出到"下拉列表中可以选择选区的输出方式,如图 6-72 所示。

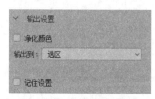

图 6-71　输出设置选项

图 6-72　选择输出方式

注意:

如果选择输出方式为"选区",则只能得到图像选区,如图 6-73 所示;如果选择输出方式为"新建图层",选区内的图像将在新的图层中,如图 6-74 所示;如选择输出方式为"新建带有图层蒙版的图层",则可以得到带有蒙版的图像,如图 6-75 所示。其他几个输出方式可以根据需要做选择,这里就不再逐一介绍。

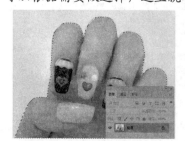

图 6-73　输出为图像选区

图 6-74　输出为新图层

图 6-75　输出为图层蒙版

6.5　修改和编辑选区

在图像窗口中创建的选区有时并不能达到实际要求,用户可以根据需要对选区进行一些编辑或修改,例如对选区进行扩展、平滑、羽化或变换等。

6.5.1　选区的运算

在图像中绘制或获取选区后,可以通过选框工具创建新选区,并与已存在的旧选区之间进行运算。选择选框工具后，在工具属性栏中提供了"新选区"、"添加到选区"、"从选区减去"和"与选区交叉"运算按钮，如图 6-76 所示。

图 6-76　选区运算按钮

- 新选区 ■：单击该按钮后，可以在图像中创建一个新的选区，如图 6-77 所示。如果图像中已经存在有选区，则新创建的选区将替换原有选区。
- 添加到选区 ■：单击该按钮后，可以在原有选区的基础上添加新的选区，如图 6-78 所示为在现有圆形选区的基础上添加矩形选区。

图 6-77　创建新选区　　　　　　　　　图 6-78　添加新选区

- 从选区减去 ■：单击该按钮，可以在原有选区中减去新创建的选区，如图 6-79 所示。
- 与选区交叉 ■：单击该按钮，图像中只保留原有选区与新选区相交的部分选区，如图 6-80 所示。

图 6-79　减选选区　　　　　　　　　图 6-80　与选区交叉

6.5.2　创建边界选区

在 Photoshop 中有一个用于修改选区的"边界"命令，使用该命令可以在选区边界处向内或向外增加一条边界。

【练习 6-7】制作选区的边界。

(1) 打开"素材\第 6 章\星球.jpg"文件，使用椭圆选框工具框选星球图像，创建一个圆形选区，如图 6-81 所示。

(2) 选择"选择"|"修改"|"边界"命令，打开"边界选区"对话框，在"宽度"数值框中设置参数为 30，如图 6-82 所示。

图 6-81　创建选区　　　　　　图 6-82　设置边界宽度

(3) 单击"确定"按钮，原选区会分别向外和向内扩展 15 像素，如图 6-83 所示。

(4) 设置前景色为淡黄色，按 Alt+Delete 组合键填充选区，可以看到图像边缘有羽化效果，如图 6-84 所示。

图 6-83　创建选区　　　　　　　　图 6-84　设置边界选区

6.5.3　平滑图像选区

使用"平滑"选区命令可以将绘制的选区变得平滑，并消除选区边缘的锯齿。

【练习 6-8】制作平滑选区

(1) 在图像窗口中绘制一个多边形选区，如图 6-85 所示。

(2) 选择"选择"|"修改"|"平滑"命令，打开"平滑选区"对话框，设置"取样半径"参数为 30，如图 6-86 所示。

(3) 单击"确定"按钮即可得到平滑的选区，为选区填充白色，可以观察到选区的平滑状态，如图 6-87 所示。

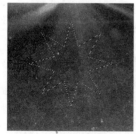

图 6-85　绘制选区　　　图 6-86　设置平滑选区　　　图 6-87　平滑选区效果

注意:

在"平滑选区"对话框中设置选区平滑度时,"取样半径"值越大,选区的轮廓越平滑,同时也会失去选区中的细节,因此,应该合理设置"取样半径"值。

6.5.4 扩展和收缩图像选区

扩展选区就是在原始选区的基础上将选区进行扩展;而收缩选区是扩展选区的逆向操作,可以将选区向内缩小。

【练习6-9】使用扩展和收缩选区制作鲜花中的图像。

(1) 打开"素材\第6章\鲜花图像.jpg"文件,按住 Ctrl 键单击图层 1,载入该图像选区,如图 6-88 所示。

(2) 选择"选择"|"修改"|"扩展"命令,打开"扩展选区"对话框,设置"扩展量"为 15 像素,如图 6-89 所示。

(3) 单击"确定"按钮,得到扩展选区,如图 6-90 所示。

图 6-88 获取选区   图 6-89 扩展选区   图 6-90 扩展选区效果

(4) 新建一个图层,将其放到图层 1 的下方,设置前景色为淡黄色,按 Alt+Delete 组合键填充扩展后的选区,如图 6-91 所示。

(5) 按 Ctrl+D 组合取消选区,选择图层 1 并载入该图像选区,选择"选择"|"修改"|"收缩"命令,打开"收缩选区"对话框,设置"收缩量"为 20 像素,如图 6-92 所示。

图 6-91 填充选区   图 6-92 收缩选区

(6) 单击"确定"按钮,得到收缩选区,填充为淡黄色,效果如图 6-93 所示。

(7) 选择横排文字工具，在圆形图像中输入两行英文文字，并在属性栏中设置合适的英文字体，效果如图 6-94 所示。

图 6-93　收缩后的选区　　　　　　图 6-94　输入文字

6.5.5　羽化图像选区

"羽化"选区命令可以柔和模糊选区的边缘，主要是通过扩散选区的轮廓来达到模糊边缘的目的，羽化选区能平滑选区边缘，并产生淡出的效果。

【练习 6-10】使用羽化选区编辑图像。

(1) 打开"素材\第 6 章\双手.jpg"文件，使用多边形套索工具 在图像中绘制人物双手选区，如图 6-95 所示。

(2) 选择"选择"|"修改"|"羽化"命令，打开"羽化选区"对话框，设置"羽化半径"参数为 20 像素，如图 6-96 所示。

图 6-95　绘制选区　　　　　　图 6-96　设置羽化参数

注意：

对选区做羽化设置后，选区的虚线框会适当缩小，选区的拐角也会变得平滑。

(3) 单击"确定"按钮进行选区羽化，得到的羽化选区效果如图 6-97 所示。

(4) 选择"选择"|"反选"命令，得到背景图像选区，在选区中填充白色，可以观察到填充羽化选区的图像效果，如图 6-98 所示。

图 6-97　羽化选区　　　　　　　　　　　　　　图 6-98　填充效果

6.5.6　描边图像选区

"描边"命令可以使用一种颜色填充选区边界，还可以设置填充的宽度。绘制好选区后，选择"编辑"|"描边"命令，打开"描边"对话框，在对话框中可以设置描边的"宽度"值和描边的位置、颜色等，如图 6-99 所示，单击"确定"按钮，即可得到选区描边效果，如图 6-100 所示。

图 6-99　"描边"对话框　　　　　　　　　　　图 6-100　选区描边效果

"描边"对话框中主要选项的作用如下。

- 宽度：用于设置描边后生成填充线条的宽度。
- 颜色：单击选项右方的色块，将打开"选取描边颜色"对话框，可以设置描边区域的颜色。
- 位置：用于设置描边的位置，包括"内部"、"居中"和"居外"3 个单选按钮。
- 混合：设置描边后颜色的不透明度和着色模式，与图层混合模式相同。
- 保留透明区域：选中后进行描边时将不影响原图层中的透明区域。

6.5.7　变换图像选区

使用"变换选区"命令可以对选区进行自由变形，而不会影响到选区中的图像，其中包括移动选区、缩放选区、旋转与斜切选区等。

【练习 6-11】对椭圆选区进行变换。

(1) 打开"素材\第 6 章\咖啡.jpg"文件，选择椭圆选框工具在图像中绘制一个椭圆形选

区，选择"选择"|"变换选区"命令，选区四周即可出现 8 个控制点，如图 6-101 所示。

(2) 按住 Shift 键拖动控制点可以等比例调整选区大小，按住 Shift + Alt 组合键可以相对选区中心缩放选区，如图 6-102 所示。

图 6-101　显示控制框

图 6-102　变换选区

(3) 将鼠标放到控制框边线的任意控制点上，按住并拖动鼠标，可以改变选区宽窄或长短，如图 6-103 所示。

(4) 将鼠标放到控制框 4 个角点上，按住并拖动鼠标，可以旋转选区的角度，如图 6-104 所示。

图 6-103　变形选区

图 6-104　旋转选区

(5) 将鼠标放到控制框内，然后按住并拖动鼠标，可以移动选区的位置，如图 6-105 所示，按 Enter 键或双击鼠标，即可完成选区的变换操作，如图 6-106 所示。

图 6-105　移动选区

图 6-106　完成选区变换

注意:

"变换选区"命令与"自由变换"命令有一些相似之处,都可以进行缩放、斜切、旋转、扭曲、透视等操作;不同的是:"变换选区"只针对选区进行操作,不能对图像进行变换,而"自由变换"命令可以同时对选区和图像进行操作。

6.5.8 存储和载入图像选区

在编辑图像的过程中,用户可以保存一些造型较复杂的图像选区,当以后需要使用时,可以将保存的选区直接载入使用。

【练习 6-12】为图像存储选区。

(1) 打开"素材\第 6 章\卡通小象.jpg"文件,如图 6-107 所示。

(2) 选择工具箱中的魔棒工具,取消选择"连续"复选框,单击卡通小象图像中的粉红色区域,获取所有的粉红色图像选区,如图 6-108 所示。

单击

图 6-107　打开图像　　　　　　　　　图 6-108　获取选区

(3) 选择"选择"|"存储选区"命令,打开"存储选区"对话框,在"名称"文本框中输入选区名称为"粉红色",单击"确定"按钮,如图 6-109 所示。

(4) 选中"连续"复选框,并设置容差值为 20 像素,然后使用魔棒工具在白色背景中单击,得到背景图像选区,再选择"选择"|"反选"选区,选择整个卡通小象图像,如图 6-110 所示。

图 6-109　"存储选区"对话框　　　　　　图 6-110　选择小象图像

- 文档：用于选择是在当前文档创建新的 Alpha 通道，还是创建新的文档，并将选区存储为新的 Alpha 通道。
- 通道：用于设置保存选区的通道。在其下拉列表中显示了所有的 Alpha 通道和"新建"选项。
- 操作：用于选择通道的处理方式，包括"新建通道"、"添加到通道"、"从通道中减去"和"与通道交叉"几个选项。

(5) 选择"选择"|"载入选区"命令，打开"载入选区"对话框，在"通道"下拉列表中选择存储的选区，然后选择"从选区中减去"选项，即表示当前选区将减去载入后的选区，如图 6-111 所示。

(6) 单击"确定"按钮，得到粉红色图像以外的小象图像选区，效果如图 6-112 所示。

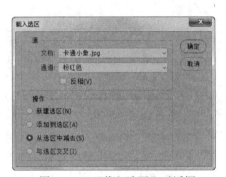

图 6-111 "载入选区"对话框

图 6-112 最终选区

6.5.9 课堂案例——制作夏季服饰广告

本实例将制作一个夏季服饰广告，主要练习选框工具、套索工具，以及选区的编辑等，实例效果如图 6-113 所示。

图 6-113 实例效果

实例分析

首先绘制一个具有羽化效果的选区，将花朵图像移动到背景图像中，再复制一次图像，分别放到画面上下两侧，然后绘制圆形选区，并对选区描边，最后添加一些素材图像并输入文字，即可得到完整的广告画面。

操作步骤

(1) 新建一个图像文件,设置背景色为粉红色(R54,G111,B71),按 Alt+Delete 键填充背景,如图 6-114 所示。

(2) 打开 "素材\第 6 章\花朵.jpg" 文件,使用套索工具 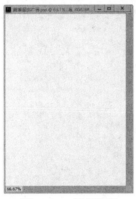 ,在属性栏中设置羽化值为 20,在花朵图像周围绘制选区,如图 6-115 所示。

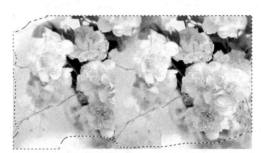

图 6-114   填充背景　　　　　　　　图 6-115   绘制选区

(3) 使用移动工具,将选区内的图像直接拖动到粉红色背景图像中,放到画面上方,如图 6-116 所示。

(4) 使用橡皮擦工具对花朵图像底部做适当的擦除,使其与粉红色背景图像自然融合,如图 6-117 所示。

(5) 按 Ctrl+J 组合键,复制一次花朵图像,选择 "编辑" | "变换" | "垂直反转" 命令,将复制的图像放到画面底部,如图 6-118 所示。

图 6-116   移动图像　　　　图 6-117   擦除图像　　　　图 6-118   复制并翻转图像

(6) 新建一个图层,选择椭圆选框工具 ,按住 Shift 键在图像中绘制一个正圆形选区,然后填充选区为白色,如图 6-119 所示。

(7) 选择 "选择" | "变换选区" 命令,按住 Alt+Shift 键拖动任意一角,中心缩小选区,

如图 6-120 所示，然后按 Enter 键进行确认。

(8) 选择"编辑"|"描边"命令，打开"描边"对话框，设置"宽度"为 1 像素，颜色为绿色(R54,G111,B71)，其他设置如图 6-121 所示。

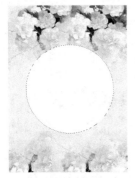

图 6-119　绘制圆形选区

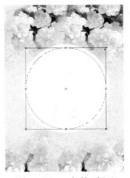

图 6-120　变换选区

图 6-121　设置"描边"

(9) 单击"确定"按钮，得到选区描边效果，如图 6-122 所示。

(10) 在"图层"面板中设置该图层的不透明度为 78%，得到较为透明的图像效果，如图 6-123 所示。

(11) 打开"素材\第 6 章\鲜花与小鸟.psd"文件，使用移动工具分别将鲜花和小鸟图像拖动到当前编辑的图像中，放到圆形图像的两侧，效果如图 6-124 所示。

图 6-122　描边图像

图 6-123　降低透明度

图 6-124　添加素材图像

(12) 新建一个图层，选择矩形选框工具，在圆形图像中绘制一个矩形选区，填充为绿色(R54,G111,B71)，如图 6-125 所示。

(13) 选择横排文字工具，在绿色矩形和白色圆形中分别输入文字对象，设置字体为不同粗细的黑体，分别设置文字颜色为绿色、白色和橘红色，并参照如图 6-126 所示的效果进行排列。

(14) 打开"素材\第 6 章\条纹.psd"文件，使用移动工具将其拖动到当前编辑的图像中，放到白色圆形的上方，为了版面更加美观，在图像中输入一些英文，如图 6-127 所示。

图 6-125 绘制矩形

图 6-126 输入文字

图 6-127 添加条纹图像

　　(15) 打开"素材\第6章\模特.jpg"文件，选择魔棒工具，在属性栏中设置"容差"值为20，按住Shift键通过加选的方式，单击背景中的白色图像获取选区，如图6-128所示。

　　(16) 选择"选择"|"反选"命令，得到人物图像选区，按Ctrl+C组合键复制选区中的图像，切换到广告图像中，按Ctrl+V组合键粘贴人物图像，将其放到画面右下方，如图6-129所示。

　　(17) 选择"编辑"|"变换"|"水平翻转"命令，将人物做水平翻转，完成本实例的制作，效果如图6-130所示。

图 6-128 获取选区

图 6-129 粘贴图像

图 6-130 翻转图像

6.6　思考练习

　　1. 按＿＿＿＿＿＿＿＿组合键即可全选图像。

　　A. Ctrl+A　　　　　　　　B. Ctrl+Shift+I

　　C. Ctrl+I　　　　　　　　D. Shift+I

　　2. 按＿＿＿＿＿＿＿＿组合键即可反向选择图像。

　　A. Ctrl+A　　　　　　　　B. Ctrl+Shift+I

　　C. Ctrl+I　　　　　　　　D. Shift+I

　　3. 按＿＿＿＿＿＿＿＿组合键可以隐藏选区。

A. Ctrl+A   B. Ctrl+Shift+I

C. Ctrl+H   D. Shift+H

4. 按＿＿＿＿＿＿＿＿组合键可以取消选区。

A. Ctrl+A   B. Ctrl+D

C. Ctrl+H   D. Shift+D

5. 使用矩形选框工具绘制选区时，按＿＿＿＿＿＿＿＿键的同时拖动鼠标，可以绘制出一个正方形选区。

A. Tab   B. Ctrl   C. Alt   D. Shift

6. 使用矩形或椭圆选框工具绘制选区时，按＿＿＿＿＿＿＿＿键的同时拖动鼠标，将以单击点为中心绘制选区。

A. Tab   B. Ctrl   C. Alt   D. Shift

7. 使用单行选框工具和单列选框工具可以在图像中创建具有＿＿＿＿＿宽度的水平或垂直选区。

A. 一厘米   B. 一个像素

C. 一毫米   D. 一英寸

8. ＿＿＿＿＿工具适用于在图形颜色与背景颜色反差较大的区域创建选区，使用该工具可以轻松绘制出外边框很复杂的图像选区。

A. 矩形选框   B. 套索工具

C. 磁性套索   D. 多边形套索工具

9. 使用＿＿＿＿＿＿＿＿命令可以在选区边界处向内或向外增加一条边界。

A. 平滑   B. 边界

C. 扩展   D. 羽化

10. 在编辑图像时，选区的作用是什么？

11. 选框工具属性栏中"羽化"选项的作用是什么？

12. 魔棒工具的作用是什么？

13. "色彩范围"命令的作用是什么？

14. 如何存储绘制好的选区？

第 7 章

图层基础

在 Photoshop 中图层的应用是非常重要的一个功能，本章将详细介绍图层的基本应用，包括图层的概念，"图层"面板，图层的创建、复制、删除、选择等操作，还将介绍图层的排序、对齐与分布等。

7.1 认识图层

图层是 Photoshop 的核心功能之一，用户可以通过它随心所欲地对图像进行编辑和修饰。可以说，如果没有图层功能，设计人员将很难通过 Photoshop 处理出优秀的作品。

7.1.1 图层的作用

图层用来装载各种各样的图像，它是图像的载体。在 Photoshop 中，一个图像通常都是由若干个图层组成的，如果没有图层，就没有图像存在。

例如，新建一个图像文档时，系统会自动在新建的图像窗口中生成一个背景图层，用户就可以通过绘图工具在图层上进行绘图。图 7-1 所示的图像便是由如图 7-2、图 7-3 和图 7-4 所示的 3 个图层中的图像组成。

图 7-1 图像效果　　　图 7-2 背景图层　　　图 7-3 文字图像　　　图 7-4 吉他图像

7.1.2 "图层"面板

"图层"面板用于创建、编辑和管理图层，还可以设置图层混合模式，以及添加图层样式等。

选择"文件"|"打开"命令，打开"素材\第 7 章\清新空气.psd"文件，如图 7-5 所示，这时可以在"图层"面板中查看到它的图层，如图 7-6 所示。

图 7-5 合成图像

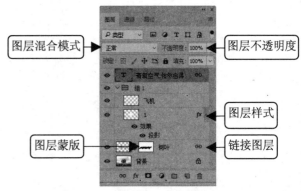

图 7-6 "图层"面板

"图层"面板中主要选项的作用如下。

- 锁定：用于设置图层的锁定方式，其中有"锁定透明像素"按钮 、"锁定图像像素"按钮 、"锁定位置"按钮 和"锁定全部"按钮 。
- 填充：用于设置图层填充的透明度。
- 链接图层 ：选择两个或两个以上的图层，再单击该按钮，可以链接图层，链接的图层可同时进行各种变换操作。
- 添加图层样式 ：在弹出的菜单中选择命令来设置图层样式。
- 添加图层蒙版 ：单击该按钮，可以为图层添加蒙版。
- 创建新的填充和调整图层 ：在弹出的菜单中选择命令创建新的填充和调整图层，可以调整当前图层下所有图层的色调效果。
- 创建新组 ：单击该按钮，可以创建新的图层组。可以将多个图层放置在一起，方便用户进行查找和编辑操作。
- 创建新图层 ：单击该按钮可以创建一个新的空白图层。
- 删除图层 ：用于删除当前选取的图层。

在"图层"面板中，还可以调整图层缩览图大小。单击面板右侧的三角形按钮，在弹出的菜单中选择"面板选项"命令，将打开"图层面板选项"对话框对外观进行设置，如图7-7所示，选择一种预览样式，单击"确定"按钮，得到调整图层缩览图大小和显示方式的效果，如图7-8所示为选择较大缩览方式效果。再次打开"图层面板选项"对话框可以进行各项还原设置。

图7-7 设置图层面板选项　　　　图7-8 调整后的图层面板

7.2 新建图层

新建图层是指在"图层"面板中创建一个新的空白图层，并且新建的图层位于所选择图层的上方。创建图层之前，首先要新建或打开一个图像文档，然后可以通过"图层"面板快速创建新图层，也可以通过菜单命令来创建新图层。

7.2.1 使用功能按钮创建图层

单击"图层"面板底部的"创建新图层"按钮，可以快速创建一个具有默认名称的新图层。图层的默认名依次为"图层 1、图层 2、图层 3、…"，由于新建的图层没有像素，所以呈透明显示。

7.2.2 使用命令创建图层

通过菜单命令创建图层，不但可以定义图层在"图层"面板中的显示颜色，还可以定义图层混合模式、不透明度和名称。

【练习 7-1】创建新图层。

(1) 选择"图层"|"新建"|"图层"命令，或者按 Ctrl+Shift+N 组合键，打开"新建图层"对话框，在其中可以设置图层名称和其他选项，如图 7-9 所示。

(2) 单击"确定"按钮，即可创建一个指定的新图层，图层名依次为"图层 1、图层 2、…"，由于新建的图层没有像素，所以呈透明显示，如图 7-10 所示。

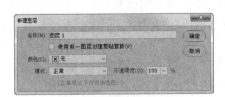

图 7-9　设置新建图层属性

图 7-10　创建新图层

"新建图层"对话框中主要选项的作用如下。

- 名称：用于设置新建图层的名称，以方便用户查找图层。
- 使用前一图层创建剪贴蒙版：选择该选项，可以将新建的图层与前一图层进行编组，形成剪贴蒙版。
- 颜色：用于设置"图层"面板中的显示颜色。
- 模式：用于设置新建图层的混合模式。
- 不透明度：用于设置新建图层的透明程度。

7.2.3 创建文字和形状图层

当用户在图像中输入文字后，"图层"面板中将自动新建一个相应的文字图层。选择任意一种文字工具，在图像中单击插入光标输入文字，即可得到一个文字图层，如图 7-11 所示。

在工具箱中选择某一个形状工具，在属性栏左侧的"工具模式"中选择"形状"，然后在图像中绘制形状，这时"图层"面板中将自动创建一个形状图层，如图 7-12 所示为使用椭圆工具绘制图形后创建的形状图层。

图 7-11　文字图层

图 7-12　形状图层

7.2.4　创建填充和调整图层

在 Photoshop 中，还可以为图像创建新的填充或调整图层。填充图层在创建后就已经填充了颜色或图案；而调整图层的作用则与"调整"命令相似，主要用来整体调整所有图层的色彩和色调。

【练习 7-2】为图像创建填充和调整图层。

(1) 打开"素材\第 7 章\草地.jpg"文件，选择"图层"|"新建调整图层"|"亮度/对比度"命令，将打开"新建图层"对话框，如图 7-13 所示。

(2) 单击"确定"按钮，将切换到"属性"面板中，可以设置亮度和对比度的参数，如图 7-14 所示；在"图层"面板中将自动创建出一个新的调整图层，如图 7-15 所示。

图 7-13　新建调整图层

图 7-14　"属性"面板

图 7-15　创建的调整图层

(3) 单击"图层"面板下方的"创建新的填充或调整图层"按钮，在弹出的菜单中可以选择一个调整图层命令，例如选择"纯色"命令，如图 7-16 所示。

(4) 在打开的"拾色器(纯色)"对话框中设置颜色为绿色(R78,G131,B43)，如图 7-17 所示。

(5) 单击"确定"按钮，即可在当前图层的上一层创建一个"颜色填充"图层，如图 7-18 所示。

(6) 在"图层"面板中设置图层混合模式为"叠加"，得到的图像效果如图 7-19 所示。

图 7-16　选择命令

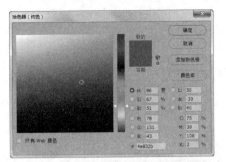

图 7-17　"拾色器(纯色)"对话框

图 7-18　填充图层

混合模式

图 7-19　图像效果

7.3　编辑图层

在"图层"面板中创建图层或图层组后，用户可以对图层进行复制、删除、链接和合并等操作，从而制作出复杂的图像效果。

7.3.1　复制图层

复制图层就是为一个已存在的图层创建副本，从而得到一个相同的图像，用户可以再对图层副本进行相关操作。

【练习 7-3】通过多种方法复制图层。

(1) 打开需要复制的图像，在"图层"面板中可以看到其背景图层，如图 7-20 所示。

(2) 选择"图层"|"复制图层"命令，打开"复制图层"对话框，如图 7-21 所示，保持对话框中的默认设置，单击"确定"按钮，即可得到复制的图层"背景 拷贝"，如图 7-22 所示。

图 7-20 背景图层

图 7-21 "复制图层"对话框

图 7-22 复制的图层

(3) 在"图层"面板中选择"背景"图层,按住鼠标左键将"背景"图层直接拖动到下方的"创建新图层"按钮 🗋 上,如图 7-23 所示,即可直接复制图层,如图 7-24 所示。

图 7-23 拖动图层

图 7-24 直接复制图层

注意:

在图像中还可以移动复制图像,选择移动工具 ⊹,将鼠标指针放到需要复制的图像中,当鼠标指针变成双箭头 ⊧ 状态时,按住 Alt 键进行拖动,即可移动复制的图像,同时得到复制的图层。

7.3.2 删除图层

对于不需要的图层,用户可以使用菜单命令删除图层,或通过"图层"面板删除图层,删除图层后该图层中的图像也将被删除。

1. 通过菜单命令删除图层

在"图层"面板中选择要删除的图层,然后选择"图层"|"删除"|"图层"命令,即可删除选择的图层。

2. 通过"图层"面板删除图层

在"图层"面板中选择要删除的图层,然后单击"图层"面板底部的"删除图层"按钮 🗑,即可删除选择的图层。

3. 通过键盘删除图层

在"图层"面板中选择要删除的图层，然后按 Delete 键，即可删除选择的图层。

7.3.3 隐藏与显示图层

当一幅图像有较多的图层时，为了便于操作可以将其中暂时不需要显示的图层进行隐藏。图层缩览图前面的眼睛图标用于控制图层的显示和隐藏，有该图标的图层为可见图层，如图 7-25 所示，单击图层前面的眼睛图标，可以隐藏该图层，如图 7-26 所示。如果要重新显示图层，只需在原眼睛图标处单击鼠标即可。

图 7-25　显示图层　　　　　　　　　图 7-26　隐藏图层

隐藏和显示图层还有如下几种方式。

- 按住 Alt 键单击图层前的眼睛图标，可以隐藏除该图层外的所有图层；按住 Alt 键再次单击同一眼睛图标，可以显示其他图层。
- 选择"图层"|"隐藏图层"命令，即可隐藏当前所选择的图层；选择"图层"|"显示图层"命令，即可显示被隐藏的图层。
- 使用鼠标左键在眼睛图标列拖动，可以快速隐藏或显示多个相邻的图层。

7.3.4 查找和隔离图层

当"图层"面板中图层较多时，想要快速找到某一个图层，可以使用查找图层功能。而隔离图层就是在"图层"面板中只显示某种类型的图层，如效果、模式和颜色等。

【练习 7-4】查找和隔离图层。

(1) 打开"素材\第 7 章\蓝天白云.psd"文件，在"图层"面板中可以看到该文件包含了多个图层，如图 7-27 所示。

(2) 选择"选择"|"查找图层"命令，"图层"面板顶部将会自动显示"名称"栏，而右侧将出现一个文本框，在其中输入需要查找的图层名称，面板中将只显示该图层，如图 7-28 所示。

图 7-27 打开图像

图 7-28 查找到的图层

(3) 选择"选择"|"隔离图层"命令，然后在"图层"面板顶部选择需要隔离的图层类型，如选择"颜色"，如图 7-29 所示。

(4) 在颜色右侧的下拉列表中选择"红色"，即可得到只有红色标记的图层，如图 7-30 所示。

图 7-29 选择隔离类型

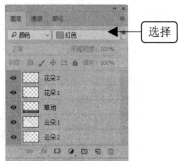

图 7-30 隔离的颜色图层

注意：

单击"图层"面板右上方的 按钮，将其显示为灰色，即可显示面板中所有图层。

7.3.5 链接图层

图层的链接是指将多个图层链接成一组，可以对链接的图层进行移动、变换等操作，还能将链接在一起的多个图层同时复制到另一个图像窗口中。

单击"图层"面板底部的"链接图层"按钮 ，即可将选择的图层链接在一起。例如，选择如图 7-31 所示的 3 个图层，单击"图层"面板底部的"链接图层"按钮 ，即可将选择的 3 个图层链接在一起，在链接图层的右侧会出现链接图标 ，如图 7-32 所示。

图 7-31 选择多个图层

图 7-32 链接图层

7.3.6 合并和盖印图层

合并图层是指将几个图层合并成一个图层，这样做不仅可以减小文件大小，还可以方便用户对合并后的图层进行编辑。

合并图层有以下几种常用方法。

- 向下合并图层：将当前图层与它底部的第一个图层进行合并。
- 合并可见图层：将当前所有的可见图层合并成一个图层。
- 拼合图像：将所有可见图层进行合并，而隐藏的图层将被丢弃。
- 盖印图层：盖印是一种比较特殊的图层合并方式，它可以将多个图层中的图像合并到一起，生成一个新的图层，但被合并的图像图层依然存在。

【练习 7-5】通过多种方法合并图层。

(1) 打开"素材\第 7 章\广告.psd"文件，在"图层"面板中可以看到该文件所包含的图层，如图 7-33 所示。

(2) 选择"图层 3"，然后选择"图层"|"向下合并"命令，或按 Ctrl+E 组合键，即可将"图层 3"图层中的图像向下合并到"图层 2"图层中，如图 7-34 所示。

图 7-33 合并前的图层

图 7-34 合并后的图层

(3) 按 Ctrl+Z 组合键后退一步操作，关闭图层 2 前面的眼睛图标，隐藏该图层，如图 7-35 所示。

(4) 选择"图层"|"合并可见图层"命令，即可将图层 2 以外的图层合并，如图 7-36 所示。

图 7-35 隐藏图层

图 7-36 合并可见图层

(5) 按 Ctrl+Z 组合键后退一步操作，同样隐藏图层 2，选择"图层"|"拼合图像"命令，将弹出一个提示对话框，如图 7-37 所示。

(6) 单击"确定"按钮，即可得到拼合图像后的图层效果，如图 7-38 所示，可以看到拼合后的图层将扔掉隐藏的图层。

(7) 按 Ctrl+Z 组合键后退一步操作，显示图层 2。选择图层 3，按 Ctrl+Shift+Alt+E 组合键，得到新生成的盖印图层，如图 7-39 所示。

图 7-37　拼合前的图层

图 7-38　拼合后的图层

图 7-39　盖印图层

注意：

选择多个图层，按 Ctrl+Alt+E 组合键，可以将所选的图层盖印到一个新图层中，而原图层内容则保持不变。

7.3.7　背景图层与普通图层的转换

在默认情况下，背景图层是锁定的，不能进行移动和变换操作，用户可以根据需要将背景图层转换为普通图层，然后对图像进行编辑。

打开一幅素材图像，可以看到其背景图层为锁定状态，如图 7-40 所示。选择"图层"|"新建"|"背景图层"命令，打开"新建图层"对话框，其默认的"名称"为图层 0，如图 7-41 所示。设置图层各选项后，单击"确定"按钮，即可将背景图层转换为普通图层，如图 7-42 所示。

图 7-40　背景图层

图 7-41　"新建图层"对话框

图 7-42　转换的图层

注意：

在"图层"面板中双击背景图层，同样可以打开"新建图层"对话框，设置选项后，单击"确定"按钮，即可将背景图层转换为普通图层。

7.3.8 课堂案例——制作火焰虎头

本实例将制作一个火焰中的虎头图像，主要练习图层的创建和图像的复制等，实例效果如图 7-43 所示。

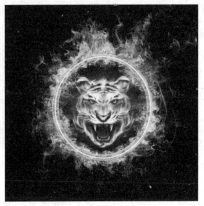

图 7-43 实例效果

实例分析

本实例主要由两种图像组合成一个具有震撼力的火焰图像，首先在火焰图像中添加虎头图像，并自动创建图层，然后盖印图层，调整整个图像的亮度和对比度，即可得到一个颜色鲜艳的火焰图像效果。

操作步骤

(1) 打开"素材\第 7 章\火焰.jpg"和"虎头.psd"图像，如图 7-44 和图 7-45 所示。

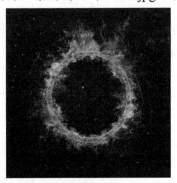

图 7-44 火焰图像　　　　　　　　　　　　图 7-45 虎头图像

(2) 选择"虎头"图像，在"图层"面板中选择图层 1，按 Ctrl+C 组合键复制虎头图像，如图 7-46 所示。

(3) 选择"火焰"图像，按 Ctrl+V 组合键粘贴虎头图像到火焰图像中，并放到火焰图像中间，这时"图层"面板中将自动生成一个新的图层，如图 7-47 所示。

图 7-46　复制虎头

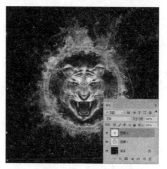

图 7-47　粘贴图像

　　(4) 单击"图层"面板底部的"创建新图层"按钮 ，创建一个新的图层，如图 7-48 所示。

　　(5) 选择椭圆选框工具，在图像中绘制一个圆形选区，选择"编辑" | "描边"命令，打开"描边"对话框，设置描边宽度为 5、颜色为白色，其他参数设置如图 7-49 所示，单击"确定"按钮，得到选区描边效果，如图 7-50 所示。

图 7-48　创建图层

图 7-49　描边参数设置

图 7-50　描边选区

　　(6) 按 Ctrl+Shift+Alt+E 组合键盖印图层，得到一个完整的虎头和火焰一起的图像图层，如图 7-51 所示。

　　(7) 选择"图层" | "新建调整图层" | "亮度/对比度"命令，在打开的对话框中保持默认设置，单击"确定"按钮，进入"属性"面板，设置亮度和对比度参数分别为 83、25，如图 7-52 所示。

图 7-51　盖印图层

图 7-52　调整图像亮度

　　(8) 这时"图层"面板中将得到一个调整图层，如图 7-53 所示，调整后的图像效果如图

7-54 所示，完成本实例的制作。

图 7-53　调整图层

图 7-54　图像效果

7.4　排列与分布图层

　　在"图层"面板中，图层是按照创建的先后顺序排列的，用户可以重新调整图层的顺序，也可以对多个图层进行对齐，或按照相同的间距分布。

7.4.1　调整图层顺序

　　当图层图像中含有多个图层时，默认情况下，Photoshop 会按照一定的先后顺序来排列图层。用户可以通过调整图层的排列顺序，创造出不同的图像效果。

　　选择需要调整的图层，将所选的图层向上或向下拖动即可调整图层排列顺序。例如，将图 7-55 所示的"花朵"图层拖动到"图层 2"图层的下方，效果如图 7-56 所示。

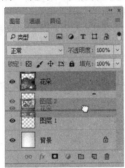

图 7-55　拖动图层

图 7-56　调整后的图层顺序

7.4.2　对齐图层

　　对齐图层是指将选择或链接后的多个图层按一定的方式对齐，选择"图层"|"对齐"命令，再在其子菜单中选择所需的子命令，即可将选择或链接后的图层按相应的方式对齐，如图 7-57 所示。

　　打开"水晶图标.psd"素材文件，其效果和图层分别如图 7-58 和 7-59 所示，下列以该图像分别介绍图层的各种对齐效果。

图 7-57　选择对齐命令　　　　　图 7-58　打开素材图像　　　　　图 7-59　选择图层

- 选择"图层"|"对齐"|"顶边"命令，将选定图层上的顶端像素与所有选定图层上最顶端的像素对齐，或与选区边框的顶边对齐，效果如图 7-60 所示。
- 选择"图层"|"对齐"|"垂直居中"命令，将每个选定图层上的垂直中心像素与所有选定图层的垂直中心像素对齐，或与选区边框的垂直中心对齐，效果如图 7-61 所示。
- 选择"图层"|"对齐"|"底边"命令，将选定图层上的底端像素与选定图层上最底端的像素对齐，或与选区边界的底边对齐，效果如图 7-62 所示。

图 7-60　顶边对齐　　　　　图 7-61　垂直居中对齐　　　　　图 7-62　底边对齐

- 选择"图层"|"对齐"|"左边"命令，将选定图层上左端像素与最左端图层的左端像素对齐，或与选区边界的左边对齐，效果如图 7-63 所示。
- 选择"图层"|"对齐"|"水平居中"命令，将选定图层上的水平中心像素与所有选定图层的水平中心像素对齐，或与选区边界的水平中心对齐，效果如图 7-64 所示。
- 选择"图层"|"对齐"|"右边"命令，将选定图层上的右端像素与所有选定图层上的最右端像素对齐，或与选区边界的右边对齐，效果如图 7-65 所示。

注意:
选择多个图层后，选择移动工具，工具属性栏中将出现各种对齐按钮，单击其中的按钮可以得到相应的效果。

图 7-63　左边对齐　　　　图 7-64　水平居中对齐　　　　图 7-65　右边对齐

7.4.3　分布图层

图层的分布是指将 3 个或更多的图层按一定规律在图像窗口中进行分布。选择多个图层后，选择"图层"|"分布"命令，然后在其子菜单中选择所需的子命令，即可按指定的方式分布选择的图层，如图 7-66 所示。

图 7-66　分布菜单

- 顶边：从每个图层的顶端像素开始，间隔均匀地分布图层。
- 垂直居中：从每个图层的垂直中心像素开始，间隔均匀地分布图层。
- 底边：从每个图层的底端像素开始，间隔均匀地分布图层。
- 左边：从每个图层的左端像素开始，间隔均匀地分布图层。
- 水平居中：从每个图层的水平中心开始，间隔均匀地分布图层。
- 右边：从每个图层的右端像素开始，间隔均匀地分布图层。

注意：

选择移动工具后，在工具属性栏的"分布"按钮组中使用相应的分布按钮也可实现分布图层操作，从左至右分别为按顶分布、垂直居中分布、按底分布、按左分布、水平居中分布和按右分布。

7.5　思考练习

1. 按＿＿＿＿＿＿组合键可以新建一个图层。

A. Ctrl+N   B. Ctrl+Shift+I

C. Ctrl+I   D. Ctrl+Shift+N

2. 下列操作中，哪个操作不能创建新图层_____。

A. 选择"图层"|"新建"|"图层"命令。

B. 单击"图层"面板底部的"创建新图层"按钮。

C. 使用画笔工具在图像中绘制图形。

D. 使用文字工具在图像中创建文字。

3. 下列操作中，哪个操作可以复制图层_____。

A. 选择"图层"|"新建"|"图层"命令。

B. 选择"编辑"|"拷贝"命令。

C. 选择"图像"|"复制"命令。

D. 在"图层"面板中将图层拖动到"创建新图层"按钮上。

4. 图层的分布是指将_____图层按一定规律在图像窗口中进行分布。

A. 1   B. 2   C. 3 个   D. 3 个或更多的

5. 单击"图层"面板中的_____可以隐藏图层。

A. 链接图层   B. 创建新图层   C. 眼睛图标   D. 删除图层

6. 用户可以通过哪几种常用方法删除不需要的图层？

7. 图层的链接的作用是什么？

8. 合并图层的作用是什么？合并图层有哪几种常用方法？

9. 如何将背景图层转换为普通图层？

第 8 章

图层高级应用

　　本章将学习图层混合模式、图层样式以及管理图层的应用，通过改变图层的不透明度和混合模式可以创建各种特殊效果；使用图层样式可以创建出图像的投影、外发光、浮雕等特殊效果，再结合曲线的调整，可以使图像产生更多变化。

8.1 管理图层

在编辑复杂的图像时，使用的图层会越来越多，这时就可以通过图层组进行管理，这样能够更方便地控制和编辑图层。

8.1.1 创建图层组

当"图层"面板中的图层过多时，可以创建不同的图层组，这样就能快速找到需要的图层，在 Photoshop 中创建图层组的方法有如下 3 种。

1. 通过"新建"命令

选择"图层"|"新建"|"组"命令，打开"新建组"对话框。在其中可以对组的名称、颜色、模式和不透明度进行设置，如图 8-1 所示，单击"确定"按钮，即可得到新建的图层组，如图 8-2 所示。

图 8-1　新建图层组

图 8-2　得到新建的图层组

2. 通过"图层"面板

在"图层"面板中，选择需要添加到组中的图层，如图 8-3 所示。使用鼠标将它们拖动到"创建新组"按钮上，即可看到所选的图层都被存放在了新建的组中，如图 8-4 所示。

图 8-3　选择图层组

图 8-4　图层组中的图层

3. 通过图层新建组

在"图层"面板中选择需要添加到组中的图层，如图 8-5 所示。然后选择"图层"|"新建"|"从图层新建组"命令，打开"从图层新建组"对话框，如图 8-6 所示，设置选项后单

击"确定"按钮,即可看到所选的图层被存放在了新建的组中,如图 8-7 所示。

图 8-5 选择图层

图 8-6 从图层新建图层组

图 8-7 新建的组

8.1.2 编辑图层组

当用户对多个图层进行编组后,为了方便今后的运用,还经常会在其中增加、删除图层,或取消图层组等。

【练习 8-1】在图层组中调整图层。

(1) 打开有多个图层的图像文件,按住 Ctrl 键选择需要编组的图层,如所有的文字图层,如图 8-8 所示。

(2) 选择"图层" | "图层编组"命令,或按 Ctrl+G 组合键可以得到图层编组,如图 8-9 所示。

(3) 编组后的图层为闭合状态。单击组前面的三角形图标 ,即可将其展开,如图 8-10 所示。

图 8-8 选择图层

图 8-9 为图层建组

图 8-10 展开图层组

(4) 对于图层组中的图层,同样可以应用图层样式、改变图层属性等操作。如果要添加新的图层到图层组中,可以选择该图层组,直接新建图层,如图 8-11 所示。

(5) 如果要将已经存在的图层添加到该图层组中,可以直接选择该图层,按住鼠标左键拖动到图层组中,如图 8-12 和图 8-13 所示。

(6) 如果要取消图层编组,可以选择该图层组,选择"图层" | "取消图层编组"命令,或在该图层组中单击鼠标右键,在弹出的菜单中选择 "取消图层编组"命令,即可取消图层组,但图层依然存在,如图 8-14 所示。

   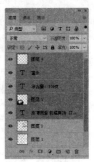

图 8-11　新建图层　　图 8-12　拖动图层　　图 8-13　添加到组　　图 8-14　取消编组

注意：
　　要删除图层组，可以直接将该图层组拖动到"图层"面板底部的"删除图层"按钮中。

8.2　图层不透明度与混合设置

　　图层的不透明度和混合模式在图像处理过程中起着非常重要的作用，在编辑图像时，通过改变图层的不透明度和混合模式可以创建各种特殊效果，从而生成新的图像效果。

8.2.1　设置图层不透明度

　　在"图层"面板中可以设置该图层上图像的透明程度，通过设置图层的不透明度可以使图层产生透明或半透明效果。

　　打开"素材\第 8 章\水杯.jpg"素材图像，在"图层"面板中可以看到图像被分为多个图层，而水杯图像并不太透明，如图 8-15 所示。选择"水杯图层"，在"图层"面板右上方"不透明度"后面的数值框中可以输入参数，这里输入参数为 30%，降低图像透明程度，效果如图 8-16 所示。

图 8-15　打开素材图像　　　　　　　　　图 8-16　调整不透明度参数

注意：
　　当图层的不透明度小于 100%时，将显示该图层下面的图像，值越小，图像就越透明；当值为 0%时，该图层将不会显示，完全显示下一层图像内容。

8.2.2　设置图层混合模式

在 Photoshop 中提供了 27 种图层混合模式，主要是用来设置图层中的图像与下面图层中的图像像素进行色彩混合的方法，设置不同的混合模式，所产生的效果也不同。

Photoshop 提供的图层混合模式都包含在【图层】面板中的 正常 下拉列表框中，单击其右侧的 按钮，在弹出的混合模式列表框中可以选择需要的模式，如图 8-17 所示。

图 8-17　图层模式

下面通过图 8-18 所示的分层图像，讲解各图层混合模式可产生的效果。

- 正常模式：这是系统默认的图层混合模式，也就是图像原始状态，当图层不透明度为 100％时，完全遮盖下面的图像，如图 8-18 所示。降低不透明度可以与下一层图层混合。

- 溶解模式：该模式会随机消失部分图像的像素，消失的部分可以显示下一层图像，从而形成两个图层交融的效果，可配合不透明度来使溶解效果图更加明显。例如，设置图层 1 的不透明度为 50％的效果如图 8-19 所示。

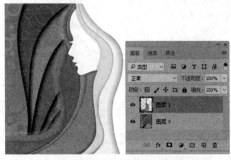

图 8-18　原图及正常模式

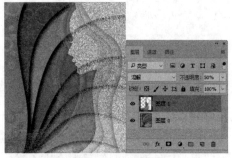

图 8-19　溶解模式

- 变暗模式：该模式将查看每个通道中的颜色信息，并将当前图层中较暗的色彩调整得更暗，较亮的色彩变得透明，如图 8-20 所示。

- 正片叠底模式：该模式可以产生比当前图层和底层颜色较暗的颜色，如图 8-21 所示。任何颜色与黑色混合将产生黑色，与白色混合将保持不变，当用户使用黑色或白色以外的颜色绘画时，绘图工具绘制的连续描边将产生逐渐变暗的颜色。

- 颜色加深模式：该模式将增强当前图层与下面图层之间的对比度，使图层的亮度降低、色彩加深，与白色混合后不产生变化，如图 8-22 所示。
- 线性加深模式：该模式可以查看每个通道中的颜色信息，并通过减小亮度使基色变暗以反映混合色。与白色混合后不产生变化，如图 8-23 所示。

　图 8-20　变暗模式　　　图 8-21　正片叠底模式　　　图 8-22　颜色加深模式　　　图 8-23　线性加深模式

- 深色模式：该模式将当前层和底层颜色做比较，并将两个图层中相对较暗的像素创建为结果色，如图 8-24 所示。
- 变亮模式：该模式与"变暗"模式的效果相反，选择基色或混合色中较亮的颜色作为结果色。比混合色暗的像素被替换，比混合色亮的像素保持不变，如图 8-25 所示。
- 滤色模式：该模式和"正片叠底"模式正好相反，结果色总是较亮的颜色，并具有漂白的效果，如图 8-26 所示。
- 颜色减淡模式：该模式将通过减小对比度来提高混合后图像的亮度，与黑色混合不发生变化，如图 8-27 所示。

　图 8-24　深色模式　　　图 8-25　变亮模式　　　图 8-26　滤色模式　　　图 8-27　颜色减淡模式

- 线性减淡模式：该模式查看每个通道中的颜色信息，并通过增加亮度使基色变亮以反映混合色。与黑色混合则不发生变化，如图 8-28 所示。
- 浅色模式：该模式与"深色"模式相反，将当前图层和底层颜色相比较，将两个图层中相对较亮的像素创建为结果色，如图 8-29 所示。
- 叠加模式：该模式用于混合或过滤颜色，最终效果取决于基色。图案或颜色在现有像素上叠加，同时保留基色的明暗对比。不替换基色，但基色与混合色相混以反映原色的亮度或暗度，如图 8-30 所示。

- 柔光模式：该模式将产生一种柔和光线照射的效果，高亮度的区域更亮，暗调区域更暗，使反差增大，如图 8-31 所示。

图 8-28 线性减淡模式　　图 8-29 浅色模式　　图 8-30 叠加模式　　图 8-31 柔光模式

- 强光模式：该模式将产生一种强烈光线照射的效果，它是根据当前图层的颜色使底层的颜色更为浓重或更为浅淡，这取决于当前图层上颜色的亮度，如图 8-32 所示。
- 亮光模式：该模式是通过增加或减小对比度来加深或减淡颜色，具体取决于混合色。如果混合色(光源)比 50%灰色亮，则通过减小对比度使图像变亮。如果混合色比 50%灰色暗，则通过增加对比度使图像变暗，如图 8-33 所示。
- 线性光模式：该模式是通过增加或减小底层的亮度来加深或减淡颜色，具体取决于当前图层的颜色，如果当前图层的颜色比 50%灰色亮，则通过增加亮度使图像变亮；如果当前图层的颜色比 50%灰色暗，则通过减小亮度使图像变暗，如图 8-34 所示。
- 点光模式：该模式根据当前图层与下层图层的混合色来替换部分较暗或较亮像素的颜色，如图 8-35 所示。

图 8-32 强光模式　　　　图 8-33 亮光模式　　　　图 8-34 线性光模式　　　　图 8-35 点光模式

- 实色混合模式：该模式取消了中间色的效果，混合的结果由底层颜色与当前图层亮度决定，如图 8-36 所示。
- 差值模式：该模式将根据图层颜色的亮度对比进行相加或相减，与白色混合将进行颜色反相，与黑色混合则不产生变化，如图 8-37 所示。
- 排除模式：该模式将创建一种与差值模式相似但对比度更低的效果，与白色混合会使底层颜色产生相反的效果，与黑色混合不产生变化，如图 8-38 所示。
- 减去模式：该模式从基色中减去混合色。在 8 位和 16 位图像中，任何生成的负片值都会剪切为零，如图 8-39 所示。

图 8-36　实色混合模式　　　图 8-37　差值模式　　　图 8-38　排除模式　　　图 8-39　减去模式

- 划分模式：该模式通过查看每个通道中的颜色信息，从基色中分割出混合色，如图 8-40 所示。

- 色相模式：该模式是用基色的亮度和饱和度以及混合色的色相创建结果色，如图 8-41 所示。

- 饱和度模式：该模式是用底层颜色的亮度和色相以及当前图层颜色的饱和度创建结果色。在饱和度为 0 时，使用此模式不会产生变化，如图 8-42 所示。

- 颜色模式：该模式将使用当前图层的亮度与下一图层的色相和饱和度进行混合，效果与饱和度模式类似。

- 明度模式：该模式将使用当前图层的色相和饱和度与下一图层的亮度进行混合，它产生的效果与"颜色"模式相反，如图 8-43 所示。

图 8-40　划分模式　　　图 8-41　色相模式　　　图 8-42　饱和度模式　　　图 8-43　明度模式

8.2.3　课堂案例——制作云中城图像

　　本实例将制作一个在云中的城堡图像，主要练习使用图层不透明度与混合模式的设置，实例效果如图 8-44 所示。

图 8-44　实例效果

实例分析

本实例主要通过两张图像合成的方式，制作出云中的城堡图像效果。首先将城堡图像添加到云层图像中，并设置图层混合模式，让城堡图像与云层图像产生特殊融合效果。再通过橡皮擦工具适当修饰图像，得到特殊合成图像。

操作步骤

(1) 打开"素材\第 8 章\云层.jpg"和"城堡.jpg"图像，如图 8-45 和图 8-46 所示。

图 8-45　云层图像

图 8-46　城堡图像

(2) 使用移动工具将城堡图像直接拖动到云层图像中，适当调整图像大小，放到画面中间，如图 8-47 所示。

(3) 这时"图层"面板中将自动得到图层 1，设置该图层的混合模式为"线性减淡(添加)"，得到的图像效果如图 8-48 所示。

图 8-47　移动图像

图 8-48　设置图层混合模式

(4) 按 Ctrl+J 组合键复制一次图层 1，得到图层 1 拷贝，改变图层混合模式为"正常"，设置图层不透明度为 73%，适当降低图像透明度，效果如图 8-49 所示。

(5) 选择橡皮擦工具，在属性栏中设置透明度为 50%，在手部图像中擦除部分图像，效果如图 8-50 所示。

图 8-49　设置图层不透明度　　　　　　　　　　图 8-50　擦除部分图像

(6) 打开"素材\第 8 章\老鹰.psd"，使用移动工具分别将老鹰和光圈图像拖动至当前编辑的图像中，放到如图 8-51 所示的位置。

(7) 选择黑色光圈图像所在图层，设置该图层的混合模式为"滤色"，得到与背景图像融合的光圈效果，如图 8-52 所示，完成本实例的制作。

图 8-51　添加素材图像　　　　　　　　　　图 8-52　图像效果

8.3　关于混合选项

利用图层样式可以制作出许多丰富的图像效果，而图层混合选项是图层样式的默认选项，选择"图层"|"图层样式"|"混合选项"命令或者按下"图层"面板底部的"添加图层样式"按钮，即可打开"图层样式"对话框，如图 8-53 所示。在对话框中可以调节整个图层的透明度与混合模式参数，其中有些设置可以直接在"图层"面板上调节。

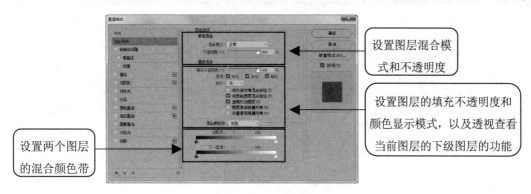

设置图层混合模式和不透明度

设置图层的填充不透明度和颜色显示模式，以及透视查看当前图层的下级图层的功能

设置两个图层的混合颜色带

图 8-53　混合选项

8.3.1　通道混合

在"图层样式"对话框中的"高级混合"选项组中可对通道混合进行设置。其中，"通道"选项中的 R、G、B 分别对应红、绿、蓝通道。当取消某个通道选项的选择时，则对应的颜色通道将被隐藏，如图 8-54 所示为隐藏绿色通道的前后效果。打开"通道"面板，可看到绿通道已经被隐藏，缩览图显示为黑色，如图 8-55 所示。

图 8-54　隐藏绿色通道

图 8-55　"通道"面板显示

注意：

当打开的图像为 CMYK 模式或 Lab 模式时，"图层样式"对话框中的通道选项将显示相应的色彩模式。

8.3.2　挖空效果

打开"图层样式"对话框，在"高级混合"栏中可以设置图像挖空效果，如图 8-56 所示。该功能可以将上层图层与下层图层全部或部分重叠的图层区域显示出来。创建挖空需要 3 个图层：挖空的图层、穿透的图层、显示的图层，如图 8-57 所示。

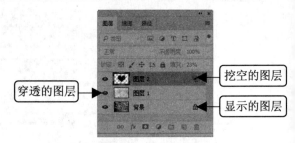

图 8-56 "挖空"选项　　　　　　　　　　　　　图 8-57 挖空效果

设置挖空的各选项参数作用如下。

- 挖空：用于设置挖空的程度。其中选择"无"选项将不挖空；选择"浅"选项将挖空到第一个可能的停止点，如图层组下方的第一个图层或剪贴蒙版的基底图层；选择"深"选项，将挖空到背景图层，若图像中没有背景图层，将显示透明效果，如图 8-58 所示为挖空到背景图层，如图 8-59 所示为挖空到透明效果。

图 8-58 挖空到背景图层　　　　　　　　　　图 8-59 挖空到透明效果

- 将内部效果混合成组：选中该复选框后，添加了"内发光"、"颜色叠加"、"渐变叠加"和"图案叠加"效果的图层将不显示其效果。
- 将剪贴图层混合成组：选中该复选框，底部图层的混合模式将与上一层图像产生剪贴混合效果。取消该复选框，则底部图层的混合模式将只对自身有影响，而不会对其他图层有影响。
- 透明形状图层：选中该复选框，此时图层样式或挖空范围将被限制在图层的不透明区域。
- 图层蒙版隐藏效果：选中该复选框，将隐藏图层蒙版中的效果。
- 矢量蒙版隐藏效果：选中该复选框，将隐藏矢量蒙版中的效果。

8.3.3　混合颜色带

使用"混合颜色带"可以通过隐藏像素的方式创建图像混合的效果。它是一种高级的蒙版，用于混合上下两个图层的内容。

打开"图层样式"对话框后，在"混合颜色带"选项栏中设置需要隐藏的颜色，以及本图层和下一图层的颜色阈值，即可设置混合颜色带。如图 8-60 所示。

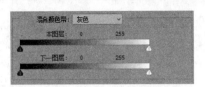

图 8-60　设置混合颜色带

"混合颜色带"选项栏中各选项作用如下。

- 混合颜色带：用于设置控制混合效果的颜色通道，若用户选择"灰色"选项，则表示所有颜色通道都将参加混合。
- 本图层：拖动"本图层"中的滑块，可隐藏本层图像像素，显示下层图像像素。若将左边黑色的滑块向右边移动，图像中较深色的像素将被隐藏。若将右边白色的滑块向左边移动，图像中较浅色的像素将被隐藏起来。
- 下一图层：拖动"下一图层"中的滑块，可将当前图层下方的图层像素隐藏。若将左边黑色的滑块向右边移动，图像中较深色的像素将被隐藏。若将右边白色的滑块向左边移动，图像中较浅色的像素将被隐藏起来。如图 8-61 所示为隐藏下一图层中颜色较浅的像素效果；如图 8-62 所示为隐藏下一图层中颜色较深的像素效果。

图 8-61　隐藏浅色图像

图 8-62　隐藏深色图像

8.4　应用图层样式

对某个图层应用了图层样式后，样式中定义的各种图层效果会应用到该图像中，并且为图像增加层次感、透明感和立体感。

8.4.1　添加图层样式

Photoshop 提供了 10 种图层样式效果，它们全都被列举在"图层样式"对话框的"样式"栏中，下面将详细介绍各种图层样式的作用。

1．斜面和浮雕样式

"斜面和浮雕"样式可在图层图像上产生立体的倾斜效果，整个图像出现浮雕般的效果。选择"图层"|"图层样式"|"斜面和浮雕"命令，打开"图层样式"对话框，"斜面和浮雕"样式的各项参数如图 8-63 所示。

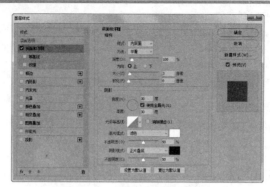

图 8-63 "斜面和浮雕"样式

"斜面和浮雕"样式中主要选项的作用如下。

- "样式":用于选择斜面和浮雕的样式。其中"外斜面"选项可产生一种从图层图像的边缘向外侧呈斜面状的效果;"内斜面"选项可在图层内容的内边缘上创建斜面的效果,如图 8-64 所示;"浮雕效果"选项可产生一种凸出于图像平面的效果,如图 8-65 所示;"枕状浮雕"选项可产生一种凹陷于图像内部的效果,如图 8-66 所示;"描边浮雕"选项可将浮雕效果仅应用于图层的边界。

图 8-64 内斜面样式 　　　　　　图 8-65 浮雕效果 　　　　　　图 8-66 枕状浮雕效果

- 方法:用于设置斜面和浮雕的雕刻方式。其中"平滑"选项可产生一种平滑的浮雕效果;"雕刻清晰"选项可产生一种硬的雕刻效果,"雕刻柔和"选项可产生一种柔和的雕刻效果。
- 深度:用于设置斜面和浮雕的效果深浅程度,值越大,浮雕效果越明显。
- 方向:选中"上"单选按钮,表示高光区在上,阴影区在下;选中"下"单选按钮,表示高光区在下,阴影区在上。
- 高度:用于设置光源的高度。
- 高光模式:用于设置高光区域的混合模式。单击右侧的颜色块可设置高光区域的颜色,"不透明度"用于设置高光区域的不透明度。
- 阴影模式:用于设置阴影区域的混合模式。单击右侧的颜色块可设置阴影区域的颜色,下侧的"不透明度"数值框用于设置阴影区域的不透明度。

单击"斜面和浮雕"样式下方的"等高线"复选框,进入相应的选项,单击"等高线"右侧的三角形按钮,在打开的面板中选择一种曲线样式,如图 8-67 所示,即可得到等高线图像效果,如图 8-68 所示。

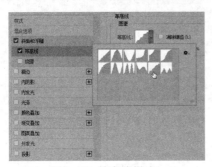

图 8-67　等高线样式

图 8-68　等高线效果

单击"斜面和浮雕"样式下方的"纹理"复选框，进入相应的选项，单击"纹理"右侧的三角形按钮，可以在打开的面板中选择一种纹理样式，然后设置纹理的缩放量和深度参数，如图 8-69 所示，图像效果如图 8-70 所示。

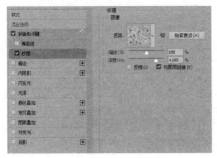

图 8-69　纹理样式

图 8-70　纹理效果

2. 描边样式

"描边"样式是指使用颜色、渐变色或图案为图像制作轮廓效果，适用于处理边缘效果清晰的形状。选择"图层"|"图层样式"|"描边"命令，打开"图层样式"对话框，用户可在其中设置"描边"选项，如图 8-71 所示。

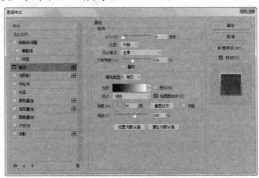

图 8-71　"描边"样式

在"填充类型"下拉列表中可以选择描边样式，分别为颜色描边、渐变描边和图案描边。图 8-72 所示是使用颜色描边的效果；图 8-73 所示是使用渐变描边的效果；图 8-74 所示是使用图案描边的效果。

图 8-72　颜色描边　　　　图 8-73　渐变描边　　　　图 8-74　图案描边

注意:

选择"编辑"|"填充"命令,打开"填充"对话框,"使用"下拉列表框中的"图案"与"图层样式"对话框中的"图案"设置一样。

3. 投影样式

"投影"是图层样式中最常用的一种图层样式效果,应用"投影"样式可以为图层增加类似影子的效果。选择"图层"|"图层样式"|"投影"命令,即可打开"图层样式"对话框,如图 8-75 所示。

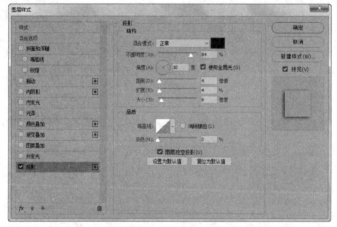

图 8-75　　"投影"样式

"投影"样式中主要选项的作用如下。

- 混合模式:用来设置投影图像与原图像间的混合模式。单击后面的小三角,可以在弹出的菜单中选择不同的混合模式,通常默认模式产生的效果最理想。其右侧的颜色块用来控制投影的颜色,系统默认为黑色。单击颜色图标,可以在打开的"选择阴影颜色"对话框中设置投影颜色。

- 不透明度:用来设置投影的不透明度,可以拖动滑块或直接输入数值进行设置,如图 8-76 所示为设置透明度为 50%的效果,如图 8-77 所示为设置透明度为 100%的效果。

图 8-76　透明度为 50%

图 8-77　透明度为 100%

- 角度：用来设置光照的方向，投影在该方向的对面出现。
- 使用全局光：选中该选项，图像中所有图层效果使用相同光线照入角度。
- 距离：设置投影与原图像间的距离，值越大，距离越远。如图 8-78 所示为设置"距离"为"20"的效果，如图 8-79 所示为设置距离为"100"的效果。

图 8-78　距离为 20

图 8-79　距离为 100

- 扩展：设置投影的扩散程度，值越大扩散越多。
- 大小：用于调整阴影模糊的程度，值越大越模糊。
- 等高线：用来设置投影的轮廓形状。单击"等高线"右侧的三角形按钮，在弹出的面板中可以选择一种等高线样式，如图 8-80 所示；单击"等高线"缩览图，打开"等高线编辑器"对话框，用户可以自行设置曲线样式，如图 8-81 所示。
- 消除锯齿：用来消除投影边缘的锯齿。
- 杂色：用于设置是否使用噪声点来对投影进行填充。

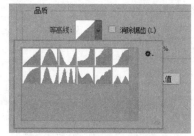
图 8-80　选择等高线样式

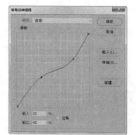
图 8-81　自定义等高线样式

4. 内阴影样式

"内阴影"样式可以为图层内容增加阴影效果，就是沿图像边缘向内产生投影效果，使图像产生一定的立体感和凹陷感。

"内阴影"样式的设置方法和选项与"投影"样式相同，为图像添加内阴影的效果如图8-82所示。

图 8-82　内阴影效果

5．外发光样式

在 Photoshop 图层样式中提供了两种光照样式，即"外发光"样式和"内发光"样式。使用"外发光"样式，可以为图像添加从图层外边缘发光的效果。

【练习 8-2】为图像添加外发光效果。

(1) 打开"素材\第 8 章\小鸟.jpg"文件，选择圆角矩形工具，在属性栏中设置"半径"为 30 像素，在图像中绘制一个圆角矩形，如图 8-83 所示。

(2) 按 Ctrl+Enter 组合键，将路径转换为选区。新建一个图层，设置前景色为白色，按Alt+Enter 组合键填充选区，如图 8-84 所示。

图 8-83　绘制圆角矩形

图 8-84　填充选区

(3) 在"图层"面板中设置"填充"为 0，选择"图层"|"图层样式"|"外发光"命令，打开"图层样式"对话框，单击 ⊙□ 色块，设置外发光颜色为白色，其余设置如图 8-85 所示，得到的图像效果如图 8-86 所示。

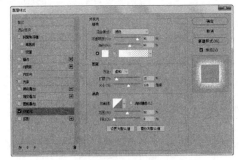

图 8-85　设置外发光参数

图 8-86　外发光效果

"外发光"样式中主要选项的作用如下。

- ⊙☐：选中该单选按钮，单击颜色图标，将打开"拾色器"对话框，可在其中选择一种颜色。
- ⊙▭▭▭▾：选中该单选按钮，单击渐变条，可以在打开的对话框中自定义渐变色或在下拉列表框中选择一种渐变色作为发光色。
- "方法"：用于设置对外发光效果应用的柔和技术，可以选择"柔和"和"精确"选项。
- "范围"：用于设置图像外发光的轮廓范围。
- "抖动"：用于改变渐变的颜色和不透明度的应用。

(4) 在"外发光"样式中同样可以设置"等高线"选项，单击"等高线"缩略图，打开"等高线编辑器"对话框编辑曲线，如图 8-87 所示。

(5) 单击"确定"按钮，得到编辑等高线后的图像外发光效果如图 8-88 所示。

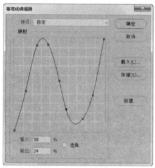

图 8-87　调整曲线

图 8-88　编辑等高线图像效果

注意：

在"图层样式"对话框中，多个图层样式选项都可以设置等高线效果，用户可以根据需要调整不同的设置，得到各种特殊图像效果。

6. 内发光样式

"内发光"样式与"外发光"样式刚好相反，是指在图层内容的边缘以内添加发光效果。"内发光"样式的设置方法和选项与"外发光"样式相同，为图像设置内发光的效果如图 8-89 所示。

图 8-89　设置内发光效果

7. 光泽样式

通过为图层添加光泽样式，可以在图像表面添加一层反射光效果，使图像产生类似绸缎的感觉。该效果没有特别的选项，但可以通过选择不同的"等高线"样式来改变光泽的样式。

打开"图层样式"对话框，选择"光泽"样式，设置各选项参数，如图 8-90 所示，添加"光泽"样式的前后对比效果如图 8-91 所示。

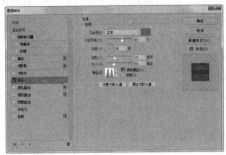

图 8-90　设置"光泽"样式

图 8-91　图像对比效果

8. 颜色叠加样式

颜色叠加样式就是为图层中的图像内容叠加覆盖一层颜色。如图 8-92 所示为颜色叠加参数选项，如图 8-93 所示为添加"颜色叠加"样式的前后对比效果。

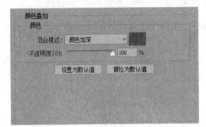

图 8-92　颜色叠加样式

图 8-93　图像对比效果

9. 渐变叠加样式

"渐变叠加"样式就是使用一种渐变颜色覆盖在图像表面，选择"图层"|"图层样式"|"渐变叠加"命令，打开对话框进行参数设置，如图 8-94 所示，选择一种渐变叠加样式，得到的叠加效果如图 8-95 所示。

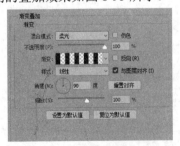

图 8-94　设置渐变叠加参数

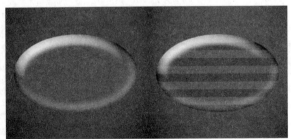

图 8-95　图像对比效果

"渐变叠加"样式中主要选项的作用如下。

- 渐变：用于选择渐变的颜色，与渐变工具中的相应选项完全相同。
- 样式：用于选择渐变的样式，包括线性、径向、角度、对称以及菱形 5 个选项。
- 缩放：用于设置渐变色之间的融合程度，数值越小，融合度越低。

10．图案叠加样式

"图案叠加"样式就是使用一种图案覆盖在图像表面，选择"图层"|"图层样式"|"图案叠加"命令，打开对话框进行相应的参数设置，如图 8-96 所示，选择一种图案叠加样式后得到的效果如图 8-97 所示。

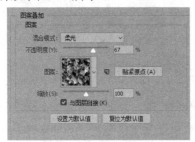

图 8-96　设置图案叠加

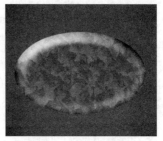

图 8-97　图案叠加效果

注意：

在设置图案叠加时，在"图案"下拉列表框中可以选择叠加的图案样式，"缩放"选项则用于设置填充图案的纹理大小，值越大，其纹理越大。

8.4.2　使用"样式"面板

Photoshop 中自带了多种预设样式，这些样式都集合在"样式"面板中。选择"窗口"|"样式"命令，即可打开该面板，单击"样式"面板右上方的 ▊ 按钮，即可打开相应面板菜单，如图 8-98 所示。

图 8-98　"样式"面板

【练习 8-3】为图像添加样式。

(1) 打开"素材\第 8 章\彩色背景.psd"文件，选择自定形状工具，在属性栏中设置工具模式为"路径",然后打开"形状"面板,选择"汽车 2"形状,如图 8-99 所示。

(2) 在图像中按住鼠标拖动,绘制出汽车图形,按 Ctrl+Enter 组合键将路径转换为选区,新建一个图层,将选区填充为黑色,如图 8-100 所示。

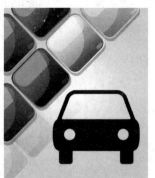

图 8-99 选择形状   图 8-100 绘制汽车图像

(3) 选择"窗口"|"样式"命令,打开"样式"面板,在其中可以看到部分预设样式,如图 8-101 所示。单击"样式"面板右上方的 ▤ 按钮,在面板菜单中可以选择其他预设样式组,用户可以根据需要添加所需的样式组,如图 8-102 所示。

(4) 这里选择"Web 样式",将弹出一个询问对话框,如图 8-103 所示,单击"确定"按钮,即可替换当前样式,单击"追加"按钮,可以将该组样式添加到原有样式后面。

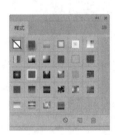

图 8-101 "样式"面板   图 8-102 面板菜单   图 8-103 询问对话框

(5) 单击"确定"按钮,得到各种 Web 样式效果,如图 8-104 所示。

(6) 在"样式"面板中选择"带投影的紫色凝胶"样式,即可为图像添加该种样式,并在"图层"面板中得到图层样式,如图 8-105 所示。

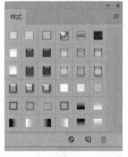

图 8-104 添加 Web 样式   图 8-105 图像效果

注意:

如果要删除"样式"面板中的某一种样式,可以按住 Alt 键单击该样式,即可直接将其删除。

(7) 选择横排文字工具在小汽车图像中输入文字,填充为橘黄色(R230,G94,B34),然后选择"图层"|"栅格化"|"文字"命令,将文字图层转换为普通图层,如图 8-106 所示。

(8) 选择"图层"|"图层样式"|"描边"命令,打开"图层样式"对话框,设置描边大小为 3,颜色为深红色,其他设置如图 8-107 所示。

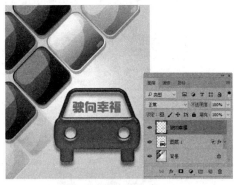

图 8-106　输入文字

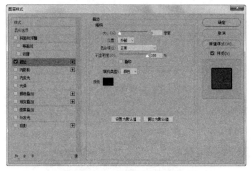

图 8-107　设置描边样式

(9) 单击"确定"按钮,得到文字的描边效果,如图 8-108 所示。

(10) 单击"样式"面板右上方的▤按钮,在弹出的菜单中选择"存储样式"命令,在打开的对话框中设置文件名称,如图 8-109 所示,单击"确定"按钮,可以将创建的图层样式存储到"样式"面板中,便于今后的使用。

图 8-108　描边效果

图 8-109　存储样式

注意:

要使用存储的样式,可以单击"样式"面板右上方的▤按钮,在弹出的菜单中选择"载入样式"命令,选择样式名称,即可载入该样式到面板中。

8.5　管理图层样式

当用户为图像添加了图层样式后,可以对图层样式进行查看,并且对已经添加的图层样式进行编辑，也可以清除不需要的图层样式。

8.5.1　展开和折叠图层样式

当用户为图像添加图层样式后，在"图层"面板中图层名的右侧将会出现一个 ![fx] 图标，通过这个图层可以将图层样式进行展开和折叠，以方便用户对图层样式的管理。

当用户为图像应用图层样式后，在其中能查看当前图层应用的图层样式。单击其右侧的 按钮，如图 8-110 所示，可以折叠图层样式，如图 8-111 所示，再次单击 按钮即可展开图层样式。

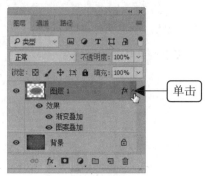

图 8-110　展开图层样式　　　　　　　　图 8-111　折叠图层样式

8.5.2　复制与删除图层样式

在绘制图像时，有时需要对不同的图像应用相同的图层样式，这时，用户可以选择复制一个已经设置好的图层样式，将其复制到其他图层中；而一些多余的图层样式，可以进行删除处理。

【练习 8-4】对文字复制和删除图层样式。

(1) 打开"素材\第 8 章\金属字.psd"文件，如图 8-112 所示，在"图层"面板中可以看到图层 1 带有图层样式。

(2) 在"图层"面板中选择图层 1，使用鼠标右键单击图层，在弹出的菜单中选择"拷贝图层样式"命令，即可复制图层样式，如图 8-113 所示。

图 8-112　带图层样式的文件　　　　　　　　图 8-113　复制图层样式

(3) 选择图层 2，再单击鼠标右键，在弹出的菜单中选择"粘贴图层样式"命令，即可将拷贝的图层粘贴到图层 2 中，如图 8-114 所示。

(4) 按 Ctrl＋Z 组合键后退一步操作。将鼠标放到图层 1 下方的"效果"中，按下 Alt 键的同时按住鼠标左键将其直接拖动到图层 2 中，如图 8-115 所示，也可以得到复制的图层样式，如图 8-116 所示。

图 8-114　复制后的样式　　　图 8-115　拖动图层样式　　　　图 8-116　图像效果

(5) 对于多余的图层样式，可以进行删除。选择"图层"|"图层样式""|清除图层样式"命令，如图 8-117 所示，可以清除所有图层样式。

(6) 如果要清除某一种图层样式，可以选择图层中的某一种样式，如"斜面和浮雕"样式，按住鼠标左键将其拖动到"图层"面板底部的"删除图层"　　　按钮中，如图 8-118 所示，可以直接删除该图层样式。

图 8-117　清除图层样式　　　　　图 8-118　删除某一种图层样式

8.5.3　栅格化图层样式

对于包含了图层样式的图层，在使用一些命令或工具时会受到限制，这时可以使用"栅格化"命令将其转换为普通图层再进行操作。

选择一个带有图层样式的图层，如图 8-119 所示，选择"图层"|"栅格化"|"图层样式"命令，即可将效果图层转换为普通图层，但图像依然保留添加图层样式后的图像效果，如图 8-120 所示。

注意：

在"栅格化"命令子菜单中，还可以对文字图层、矢量图层等进行栅格化处理，将这些图层转换为普通图层后，才能对其应用画笔工具、"滤镜"命令等操作。

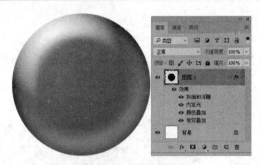

图 8-119　图层样式　　　　　　　　图 8-120　栅格化图层样式效果

8.5.4　缩放图层样式

当用户为图像添加图层样式后，可以使用"缩放效果"命令对图层的效果进行整体的缩放调整，使图像效果更好。

选择"图层"|"图层样式"|"缩放效果"命令，打开"缩放图层效果"对话框，用户可以直接在"缩放"后面输入参数值进行调整，如图 8-121 所示，还可以单击▾按钮，通过拖动下面的三角形滑块调整缩放参数，如图 8-122 所示。

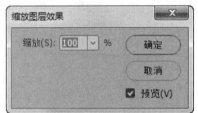

图 8-121　设置参数　　　　　　　　图 8-122　拖动滑块

8.5.5　课堂案例——制作霓虹文字

本实例将制作一个霓虹文字，主要练习图层样式的使用，以及图层混合模式的设置，实例效果如图 8-123 所示。

图 8-123　实例效果

实例分析

本实例制作的是一个特效霓虹字，首先需要输入一种具有镂空效果的文字，然后对其应用图层样式，再绘制彩色图像，通过设置图层混合模式制作彩色图像背景，最后绘制一些白色光点，得到霓虹文字效果。

操作步骤

(1) 新建一个图像文件，将背景色填充为黑色。选择横排文字工具，在图像中输入文字 Rhythm，并在属性栏中设置字体为 Swis721 BlkOul BT，如图 8-124 所示。

(2) 选择"窗口"|"字符"命令，打开"字符"面板，单击"仿斜体"按钮，得到倾斜的文字效果，如图 8-125 所示。

图 8-124　输入文字

图 8-125　设置倾斜文字

(3) 选择"图层"|"图层样式"|"外发光"命令，打开"图层样式"对话框，设置外发光颜色为紫红色(R255,G0,B186)，其他参数设置如图 8-126 所示。

(4) 单击"确定"按钮，得到文字的外发光效果，如图 8-127 所示。

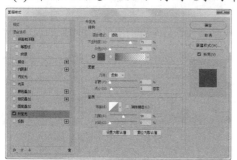

图 8-126　设置外发光参数

图 8-127　文字效果

(5) 按 Ctrl+J 组合键复制一次文字图层，得到复制的文字，选择"编辑"|"变换"|"垂直翻转"命令，得到翻转的文字效果，并将其放到下方，如图 8-128 所示。

(6) 在"图层"面板中选择复制的文字图层，单击鼠标右键，在弹出的菜单中选择"栅格化图层样式"命令，将图层样式转换为普通图层，如图 8-129 所示。

图 8-128　翻转文字

图 8-129　栅格化图层样式

(7) 选择"滤镜"|"模糊"|"高斯模糊"命令，打开"高斯模糊"对话框，设置模糊"半径"为 5，如图 8-130 所示。

(8) 单击"确定"按钮，得到文字模糊效果，如图 8-131 所示。

图 8-130　设置模糊半径　　　　　　图 8-131　模糊效果

(9) 选择涂抹工具，在属性栏中设置画笔大小为 40，"强度"为 50，对模糊文字周围进行适当的涂抹，如图 8-132 所示。

(10) 选择"图层"|"图层样式"|"内发光"命令，打开"图层样式"对话框，设置内发光颜色为紫红色(R255,G0,B186)，其他参数设置如图 8-133 所示。

 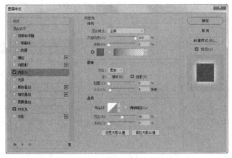

图 8-132　涂抹文字　　　　　　图 8-133　设置内发光参数

(11) 在"图层样式"对话框中选择"外发光"选项，设置外发光颜色为白色，其他参数设置如图 8-134 所示。

(12) 单击"确定"按钮，得到发光图像效果，如图 8-135 所示。

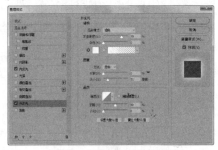 

图 8-134　设置外发光参数　　　　　　图 8-135　图像效果

(13) 在"图层"面板中适当降低模糊文字的图层不透明度，设置参数为 52%，效果如图 8-136 所示。

(14) 新建一个图层，设置前景色为白色，选择画笔工具，在图像中绘制多个不同大小的白色圆点，如图 8-137 所示。

图 8-136 降低图像不透明度

图 8-137 绘制白色圆点

(15) 选择画笔工具，在属性栏中设置画笔为 50 像素的柔角画笔，分别使用淡紫色和浅灰色在文字周围绘制柔光圆点图像，其他参数设置如图 8-138 所示。

(16) 新建一个图层，选择渐变工具，设置渐变颜色从蓝色(R18,G0,B255)到紫色(R251,G81,B249)到蓝色(R18,G0,B255)，如图 8-139 所示。

图 8-138 绘制图像

图 8-139 设置渐变颜色

(17) 单击"确定"按钮，为图像从上到下应用线性渐变填充，得到渐变填充图像，如图 8-140 所示。

(18) 设置该图层的混合模式为"叠加"，得到彩色图像效果，如图 8-141 所示，完成本实例的制作。

图 8-140 填充图像

图 8-141 图像效果

8.6 思考练习

1. 选择需要编组的图层，按_____组合键可以得到图层编组。

A. Ctrl+N   B. Ctrl+G

C. Ctrl+I   D. Shift+N

2. _____模式会随机消失部分图像的像素，消失的部分可以显示下一层图像，从而形成两个图层交融的效果，可配合不透明度来使溶解效果图更加明显。

A. 溶解   B. 强光   C. 正片叠底   D. 线性光

3. _____模式可以产生比当前图层和底层颜色较暗的颜色。

A. 溶解   B. 强光   C. 正片叠底   D. 线性光

4. _____模式将增强当前图层与下面图层之间的对比度，使图层的亮度降低、色彩加深，与白色混合后不产生变化。

A. 柔光   B. 叠加   C. 颜色加深   D. 线性光

5. _____模式用于混合或过滤颜色，最终效果取决于基色。图案或颜色在现有像素上叠加，同时保留基色的明暗对比。

A. 柔光   B. 叠加   C. 颜色加深   D. 线性光

6. _____模式将产生一种柔和光线照射的效果，高亮度的区域更亮，暗调区域更暗，使反差增大。

A. 柔光   B. 亮光   C. 强光   D. 线性光

7. _____模式将产生一种强烈光线照射的效果，它是根据当前图层的颜色使底层的颜色更为浓重或更为浅淡，这取决于当前图层上颜色的亮度。

A. 柔光   B. 亮光   C. 强光   D. 线性光

8. _____模式是通过增加或减小对比度来加深或减淡颜色，具体取决于混合色。

A. 柔光   B. 亮光   C. 强光   D. 线性光

9. _____样式可在图层图像上产生立体的倾斜效果，整个图像出现浮雕般的效果。

A. 描边   B. 斜面和浮雕   C. 内阴影   D. 外发光

10. _____样式是指使用颜色、渐变色或图案为图像制作轮廓效果，适用于处理边缘效果清晰的形状。

A. 描边   B. 斜面和浮雕   C. 内阴影   D. 外发光

11. _____样式可以为图层内容增加阴影效果，就是沿图像边缘向内产生投影效果，使图像产生一定的立体感和凹陷感。

A. 投影   B. 光泽   C. 内阴影   D. 外发光

12. _____样式通过为图层添加光泽样式，可以在图像表面添加一层反射光效果，使图像产生类似绸缎的感觉。

A. 投影   B. 光泽   C. 内阴影   D. 外发光

13. 在"图层"面板中设置图层不透明度会产生什么效果？

14. 栅格化图层样式的作用是什么？如何栅格化图层样式？

第9章

绘制与修饰图像

本章将学习图像绘制与修饰的操作，通过图像绘制功能，可以使用户绘制出需要的图像，对图像进行适当的修饰，可以让图像更美观、更具感染力。

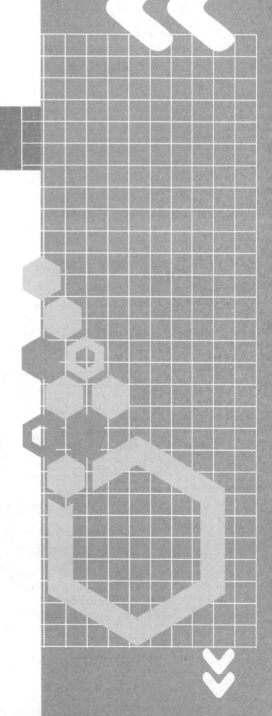

9.1 应用绘图工具

在图像处理过程中，用户可以使用工具箱中的画笔工具绘制边缘柔和的线条图像，也可以绘制具有特殊形状的线条图像。

9.1.1 认识"画笔"面板

"画笔"面板是绘制图像非常重要的面板之一，通过该面板可以设置绘图工具、修饰工具的画笔大小、笔刷样式和硬度等属性。选择"窗口"|"画笔"命令，或按 F5 键，即可打开"画笔"面板，如图 9-1 所示。

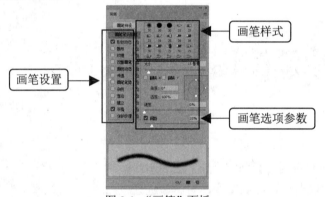

图 9-1　"画笔"面板

打开"画笔"面板后，默认状态将进入"画笔笔尖形状"选项。在其中可以设置画笔的形状、大小、硬度和间距等参数。

- "大小"用来控制画笔的大小，直接输入数值或拖动滑块，即可进行设置。
- 硬度：用来设置画笔绘图时的边缘晕化程度，值越大，画笔边缘越清晰，值越小则边缘越柔和。如图 9-2 所示是硬度分别为 70%和 25%时的画笔效果。

图 9-2　硬度分别为 70%和 25%时的画笔效果

- 角度：用来设置画笔旋转的角度，值越大，则旋转效果越明显。如图 9-3 所示是角度分别为 0 度和 90 度时的画笔效果。

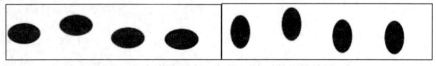

图 9-3　角度分别为 0 度和 90 度时的画笔效果

- 圆度：用来设置画笔垂直方向和水平方向的比例关系，值越大，画笔效果越圆，值越小则呈现椭圆显示。如图 9-4 所示是圆度分别为 70%和 10%时的画笔效果。

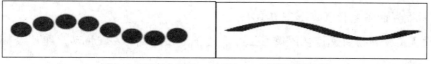

图 9-4　圆度分别为 70%和 10%时的画笔效果

- 间距：用来设置连续运用画笔工具绘制时，前一个产生的画笔和后一个产生的画笔之间的距离，数值越大，间距就越大。如图 9-5 所示是间距分别为 100%和 140%的间距效果。

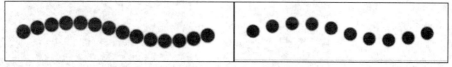

图 9-5　间距分别为 100%和 140%的画笔效果

- 翻转：画笔翻转可分为水平翻转和垂直翻转，分别对应"翻转 X"和"翻转 Y"复选框，例如对树叶状的画笔垂直翻转后的效果如图 9-6 所示。

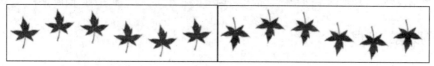

图 9-6　垂直翻转前后的树叶状画笔

注意：

设置好画笔笔尖形状后，还可以选择面板左侧的选项做进一步的设置，得到更加丰富的画笔效果。

【练习 9-1】通过画笔样式绘制光点图像。

(1) 打开"素材\第 9 章\薰衣草.jpg"，在工具箱中选择画笔工具，然后按 F5 键打开"画笔"面板，如图 9-7 所示，下面将为图像添加朦胧的光点效果。

(2) 在画笔样式中选择"柔角 30"，在"大小"选项中设置笔尖大小为 60，再设置"间距"为 80%，其他参数保持不变，这时可以在面板下方的缩览图中观察画笔变化，如图 9-8 所示。

图 9-7　打开图像和面板

图 9-8　设置大小和间距

(3) 选择"形状动态"选项，调整"大小抖动"为 100，如图 9-9 所示，再选择"散布"选项，选中"两轴"复选框，设置参数为 1000%，"数量"为 2，可以在面板下方的缩览图中预览到所设置的画笔样式，如图 9-10 所示。

(4) 设置前景色为白色，在图像左上方和右下方按住鼠标左键拖动，即可绘制出光点图像，效果如图 9-11 所示。

 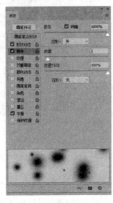 

图 9-9　"形状动态"选项　　图 9-10　"散布"选项　　　　　　图 9-11　图像效果

9.1.2　画笔工具

在使用画笔工具绘制图像的操作中，可以通过各种方式设置画笔的大小、样式、模式、透明度、硬度等。选择工具箱中的画笔工具 ，可以在其对应的工具属性栏中设置参数，如图 9-12 所示。

图 9-12　画笔工具属性栏

画笔工具属性栏中常用选项的含义如下。

- 画笔下拉面板：单击"画笔"选项右侧的下拉按钮，可以打开画笔下拉面板，在面板中可以选择画笔笔尖类型，设置画笔大小和硬度参数，如图 9-13 所示。
- 切换画笔面板 ：单击该按钮，可以打开"画笔"面板。
- 模式：在该下拉列表中可以选择画笔笔迹颜色与下面的像素的混合模式，如图 9-14 所示。
- 不透明度：用于设置画笔颜色的不透明度，数值越大，不透明度就越高。
- 流量：用于设置画笔工具的压力大小，百分比越大，则画笔笔触就越浓。
- 启用喷枪 ：单击该按钮时，画笔工具会以喷枪的效果进行绘图。

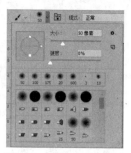

图 9-13　画笔下拉面板　　　　图 9-14　混合模式

9.1.3　铅笔工具

铅笔工具的使用与现实生活中的铅笔绘图一样，绘制出的线条效果比较生硬，主要用于直线和曲线的绘制，其操作方式与画笔工具相同，不同的是在工具属性栏中增加了一个"自动抹除"参数设置，如图 9-15 所示。

图 9-15　铅笔工具属性栏

铅笔工具属性栏中有一个"自动抹除"复选框，这是该工具独有的选项。选中该复选框，铅笔工具将具有擦除功能，与橡皮擦工具功能相同，即在绘制过程中笔头经过与前景色一致的图像区域时，将自动擦除前景色而填入背景色。

9.1.4　颜色替换工具

颜色替换工具能够校正目标颜色，并对图像中特定的颜色进行替换。该工具不能应用于位图、索引和多通道模式的图像。使用鼠标右键单击画笔工具按钮，在展开的工具组中可以选择该工具。其工具属性栏如图 9-16 所示。

图 9-16　颜色替换工具属性栏

颜色替换工具属性栏中常用选项的含义如下。

- 模式："模式"下拉列表中提供了 4 种混合模式，分别是"色相"、"饱和度"、"颜色"和"明度"，不同的模式可以改变替换的颜色与背景颜色之间的效果。
- 取样方式：颜色替换工具分别提供了 3 种取样方式，依次是"连续"、"一次"和"背景色板"。"连续"表示拖动时对图像连续取样；"一次"表示只替换第一次单击颜色所在区域的目标颜色；"背景色板"表示只涂抹包含背景色的区域。
- 限制：该选项下拉列表中有 3 种选项。"连续"是指可以替换光标周围临近的颜色；"不连续"是指可以替换使用光标所经过的任何颜色；"查找边缘"是指可以替换样本颜色周围的区域，同时保留图像边缘。
- 容差：输入数值或者拖动滑块可以调整容差的数值，增减颜色的范围。

9.1.5 混合器画笔工具

混合器画笔工具 是较为专业的绘画工具，使用该工具可以绘制出更为细腻的效果图，它可以像传统绘画过程中混合颜料一样混合像素。

选择混合器画笔工具 ，其属性栏如图 9-17 所示，在其中可以设置笔触的颜色、潮湿度和混合色等。

图 9-17　混合器画笔工具属性栏

混合器画笔工具属性栏中常用选项的含义如下。

- 潮湿：设置画笔从画布拾取的油彩量，数值越高，绘画条痕将越长。
- 载入：设置画笔上的油彩量。当数值较低时，绘画描边干燥的速度会更快。
- 混合：用于设置多种颜色的混合。当数值为 0 时，该选项不能用。
- 流量：控制混合画笔的流量大小。
- 对所有图层取样：将所有图层作为一个单独的合并图层看待。

【练习 9-2】制作水彩画效果。

(1) 打开 "素材\第 9 章\枫叶.jpg" 文件，如图 9-18 所示，按 Ctrl+J 组合键复制一次背景图像，得到图层 1。

(2) 选择套索工具，在属性栏中设置 "羽化" 值为 20 像素，选中黄色树叶图像，获取图像选区，如图 9-19 所示。

图 9-18　复制图像

图 9-19　绘制选区

(3) 设置前景色为浅黄色(R255,G208,B111)，选择混合器画笔工具，在属性栏中设置一种毛刷画笔，并设置 "大小" 为 85，选择 "湿润，深混合" 模式，再分别设置其他参数，如图 9-20 所示。

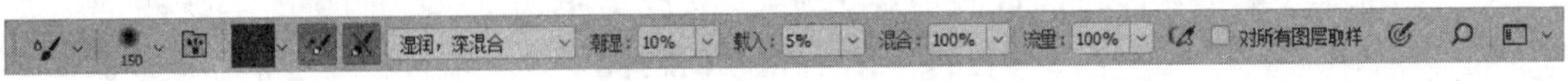

图 9-20　设置画笔属性

(4) 使用设置好的混合器画笔工具在选区中涂抹黄色树叶图像，如图 9-21 所示。

(5) 使用套索工具分别框选红色树叶和绿色树叶图像得到选区，设置前景色为与树叶相近的颜色，使用混合器画笔工具在选区中涂抹出树叶的大致走向和轮廓，如图 9-22 所示。

图 9-21　涂抹黄色树叶

图 9-22　涂抹其他图像

　　(6) 在"图层"面板中选择背景图层，按 Ctrl+J 组合键复制背景图层，并将其放到最上面一层，如图 9-23 所示。

　　(7) 选择"滤镜"|"滤镜库"命令，打开"滤镜库"对话框，选择"艺术效果"|"水彩"命令，设置参数分别为 9、1、1，如图 9-24 所示。

图 9-23　复制图层

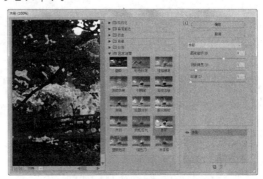
图 9-24　添加滤镜

　　(8) 单击"确定"按钮回到画面中，设置"背景 拷贝"图层的图层混合模式为"滤色"，如图 9-25 所示，得到水彩图像效果，如图 9-26 所示。

图 9-25　设置图层混合模式

图 9-26　水彩画效果

9.2　修复图像

　　在拍摄照片后，很多图像中的元素都会有一些瑕疵，这就需要使用一些修复工具对图像进行处理。Photoshop 为用户提供了一组专门用于修复图像缺陷的工具，分别是污点修复工具 、修复画笔工具 、修补工具 、内容感知移动工具 和红眼工具 ，使用这些工具能够方便快捷地修复照片中的瑕疵。

9.2.1　污点修复画笔工具

使用污点修复画笔工具可以消除图像中的污点和某个对象。污点修复画笔工具不需要指定基准点，它能自动从所修饰区域的周围进行像素的取样。

使用鼠标右键单击工具箱中的"修复工具组"按钮，在弹出的工具列表中选择污点修复画笔工具，其属性栏如图 9-27 所示。

		模式:	正常	∨	类型:	内容识别	创建纹理	近似匹配		对所有图层取样		

图 9-27　"污点修复画笔工具"属性栏

污点修复画笔工具属性栏中主要选项的作用如下。

- 画笔：与画笔工具属性栏对应的选项一样，用来设置画笔的大小和样式等。
- 模式：用于设置修饰图像时使用的混合模式，其中包括"正常"、"正片叠底"和"替换"等 8 种模式。
- 类型：用于设置修复的方法，选中"近似匹配"按钮后，将使用要修复区域周围的像素来修复图像；选中"创建纹理"按钮，将使用被修复图像区域中的像素来创建修复纹理，并使纹理与周围纹理相协调。

【练习 9-3】修复面部肌肤。

(1) 打开"素材\第 9 章\雀斑少女.jpg"文件，如图 9-28 所示，可以看到人物面部有明显的雀斑。

(2) 选择污点修复画笔工具，在属性栏中设置画笔大小为 50，在人物右部面部中有斑点的地方单击并拖动鼠标，即可自动地对图像进行修复，如图 9-29 所示。

(3) 同样在人物鼻子图像斑点处单击并拖动鼠标，得到修复的图像，如图 9-30 所示。

图 9-28　原图像　　　　　图 9-29　修复图像　　　　　图 9-30　完成修复

9.2.2　修复画笔工具

修复画笔工具可以通过图像或图形中的样本像素来绘画，它还可将样本像素的纹理、光照、透明度和阴影与所修复的像素进行匹配，从而使修复后的像素自然地融入图形图像中。

在工具箱中选择修复画笔工具，其属性栏如图 9-31 所示。

图 9-31 "修复画笔工具"属性栏

修复画笔工具属性栏中常用选项的含义如下。

- 源：选择"取样"按钮，按住 Alt 键在要取样的图像中单击即可使用当前图像中的像素修复图像；选中"图案"按钮，可以在右侧的"图案"下拉列表框中选择图案来修复。

- 对齐：选中该选项，可以连续对像素进行取样，即使多次操作，复制出来的图像仍然是同一幅图像；若取消该选项，则会在每次停止并重新开始绘制时使用初始取样点中的样本像素。

【练习 9-4】修复眼角细纹。

(1) 打开"素材\第 9 章\眼睛.jpg"文件，选择修复画笔工具，在属性栏中设置画笔大小为 80，并单击"取样"按钮，按住 Alt 键单击眼睛左侧没有皱纹的图像，得到取样图像，如图 9-32 所示。

(2) 取样后松开 Alt 键，在眼角处有皱纹的图像中单击并拖动鼠标进行修复，如图 9-33 所示。

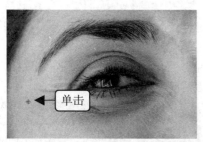

图 9-32 取样图像

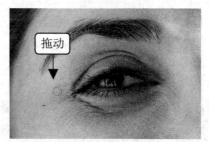

图 9-33 修复图像

(3) 继续对眼角周围的皮肤图像取样，然后在皱纹图像中单击拖动鼠标，修复细纹图像，在修复过程中可以适当调整画笔大小，修复完成后的效果如图 9-34 所示。

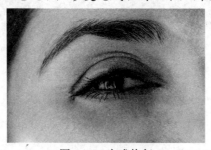

图 9-34 完成修复

9.2.3 修补工具

使用修补工具可以利用样本或图案来修复所选图像区域中不理想的部分，该工具是通过复制功能对图像进行处理。使用修补工具必须要建立选区，在选区范围内修补图像。修补前后的图像对比如图 9-35 和图 9-36 所示。

图 9-35　原图像

图 9-36　修复后的图像

选择工具箱中的修补工具 ，其属性栏如图 9-37 所示。

图 9-37　修补工具属性栏

修补工具属性栏中主要选项的作用如下。

- 修补：如果用户选择"源"选项，创建选区后，将选区拖动到要修补的区域，在修补选区内将显示移动后所选区域的图像，如图 9-38 所示；选择"目标"选项，修补区域的图像被移动后，将使用选择区域内的图像进行覆盖，如图 9-39 所示。
- 透明：设置应用透明的图案。
- 使用图案：当图像中建立了选区后此项即可被激活。在选区中应用图案样式后，可以保留图像原来的质感。

图 9-38　显示选择区域图像

图 9-39　显示原选区图像

注意:

在使用修补工具创建选区时，其操作方式与套索工具一样。此外，还可以通过矩形选框工具和椭圆选框工具等选区工具在图像中创建选区，然后使用修补工具进行修复。

9.2.4　内容感知移动工具

使用内容感知移动工具 可以创建选区，并通过移动选区，将选区中的图像进行复制，而原图像则被扩展或与背景图像自然地融合。内容感知移动工具的属性栏与修补工具属性栏相似，使用方法也相似。

　　选择工具箱中的内容感知移动工具，在图像中绘制选区，然后移动选区中的图像到指定的位置，这时 Photoshop 将自动将影像与周围的图像融合在一起，而原始图像区域则会进行智能填充，如图 9-40 至图 9-43 所示。

图 9-40　原图像　　　　图 9-41　移动图像　　　　图 9-42　"移动"模式　　　　图 9-43　"扩展"模式

9.2.5　红眼工具

　　使用红眼工具 可以移去使用闪光灯拍摄的人物照片中的红眼效果，还可以移去动物照片中的白色或绿色反光，但它对"位图"、"索引颜色"、"多通道"颜色模式的图像并不起作用。

　　【练习 9-5】消除人物红眼。

　　(1) 打开"素材\第 9 章\红眼.jpg"素材图像，如图 9-44 所示。在工具箱中选择红眼工具 ，在其属性栏中设置"瞳孔大小"和"变暗量"都为 50%，如图 9-45 所示。

图 9-44　素材图像　　　　　　　　图 9-45　红眼工具属性栏

注意:

红眼工具属性栏中的"瞳孔大小"用于设置瞳孔(眼睛暗色的中心)的大小；"变暗量"用于设置瞳孔的暗度。

　　(2) 使用红眼工具绘制一个选框将红眼选中，如图 9-46 所示。释放鼠标后即可得到修复后的红眼效果，然后使用同样的方法修复另一个红眼，如图 9-47 所示。

框选红眼

图 9-46 框选红眼   图 9-47 修复红眼效果

9.2.6 课堂案例——制作魔法双胞胎

本实例将制作一个魔法双胞胎图像，主要练习画笔工具和修补工具的使用，实例效果如图 9-48 所示。

图 9-48 实例效果

实例分析

本实例首先使用画笔工具，绘制出天空中的白色星点图像，然后再通过修补工具，复制图像，得到双胞胎图像效果，在修补过程中，通过属性栏设置，可以删除南瓜图像，也可以复制人物图像。

操作步骤

(1) 选择"文件"|"打开"命令，打开"素材\第 9 章\南瓜小孩.jpg"图像，如图 9-49 所示。

(2) 选择画笔工具，在属性栏中单击"切换画笔面板"按钮，打开"画笔"面板，设置画笔样式为"柔角"，再设置"大小"为 26、"间距"为 424%，如图 9-50 所示。

(3) 选中"画笔"面板右侧的"形状动态"复选框，设置"大小抖动"参数为 100%，如图 9-51 所示。

图 9-49　打开素材图像　　　图 9-50　设置画笔大小　　　图 9-51　设置形状动态

（4）选中"画笔"面板右侧的"散布"复选框，设置"散布"参数为 1000%，"数量"为 1，如图 9-52 所示。

（5）设置前景色为白色，新建一个图层，使用画笔工具在图像上方绘制出大小不一的白色圆点图像，如图 9-53 所示。

图 9-52　设置散布　　　　　　　图 9-53　绘制图像

（6）在"图层"面板中设置图层混合模式为"叠加"，得到的图像效果如图 9-54 所示。

（7）选择背景图层，选择修补工具，在画面右侧的南瓜图像周围勾画出选区，如图 9-55 所示。

图 9-54　设置图层混合模式　　　　　图 9-55　绘制选区

（8）单击工具属性栏中的"源"按钮，将选区中的图像拖动到画面右侧草地中，如图 9-56 所示，释放鼠标后，即可自动复制草地图像，如图 9-57 所示。

图 9-56　移动选区中的图像

图 9-57　复制的图像

　　(9) 选择修复画笔工具 ，对复制的图像边缘不太自然的位置进行修饰，按住 Alt 键单击复制的图像，如图 9-58 所示，然后在修复图像处涂抹，如图 9-59 所示。

图 9-58　单击图像

图 9-59　修饰图像效果

　　(10) 选择修补工具，对小女孩图像进行勾选，获取图像选区，如图 9-60 所示。

　　(11) 在属性栏中单击"目标"按钮，使用鼠标按住鼠标中的图像向右下方拖动，如图 9-61 所示。

图 9-60　获取选区

图 9-61　复制图像

　　(12) 释放鼠标后，按 Ctrl+D 组合键取消选区，得到复制的小女孩图像，如图 9-62 所示，完成本实例的制作。

图 9-62　完成效果

9.3　修饰图像

　　Photoshop 提供了多种图像修饰工具，使用它们将会让图像更加完美，更富艺术性。常用的图像修饰工具都位于工具箱中，包括模糊工具组和减淡工具组等。

9.3.1　模糊工具和锐化工具

　　模糊工具 ◌ 可以柔化图像，使用该工具在图像中绘制的次数越多，图像就越模糊。"锐化工具" ◺ 可以增大图像中的色彩反差，其作用与模糊工具 ◌ 刚好相反，反复涂抹同一区域会造成图像失真。

　　选择工具箱中的模糊工具 ◌ ，其属性栏如图 9-63 所示，该工具属性栏与锐化工具属性栏基本相同。

图 9-63　模糊工具属性栏

模糊工具属性栏中主要选项的作用如下。

- 画笔：用于设置涂抹图像时的画笔大小，与画笔工具的使用方法一致。
- 模式：用于选择涂抹图像的模式。
- 强度：用于设置模糊的压力程度。数值越大模糊效果越明显；反之则模糊效果越弱。

　　选择这两种工具后，在图像中单击并拖动鼠标，即可处理图像。打开"素材\第 9 章\辣椒.jpg"，如图 9-64 所示。选择模糊工具 ◌ ，在图像上方按住鼠标左键来回拖动，涂抹背景图像，得到景深效果，如图 9-65 所示。使用锐化工具在画面底部涂抹，即可使图像变得更加清晰，如图 9-66 所示。

图 9-64　打开图像　　　　　　图 9-65　模糊图像　　　　　　图 9-66　锐化图像

9.3.2　减淡工具和加深工具

使用减淡工具 可以提高图像中色彩的亮度，常用来增加图像的亮度，它主要是根据照片特定区域曝光度的传统摄影技术原理使图像变亮。加深工具 用于降低图像的曝光度，它的作用与减淡工具的作用相反。这两个工具的属性栏相同，如图 9-67 所示。

图 9-67　减淡工具属性栏

减淡工具属性栏中主要选项的作用如下。

- 范围：用于设置图像颜色提高亮度的范围，其下拉列表框中有 3 个选项。"中间调"表示更改图像中颜色呈灰色显示的区域；"阴影"表示更改图像中颜色显示较暗的区域；"高光"表示只对图像颜色显示较亮的区域进行更改。
- 曝光度：用于设置应用画笔时的力度。

打开"素材\第 9 章\花瓶.jpg"，如图 9-68 所示，选择减淡工具，在属性栏中设置范围为"中间调"，然后在图像中涂抹花瓶和花朵图像，图像将变亮，如图 9-69 所示。使用加深工具，在属性栏中设置范围为"阴影"，在图像中涂抹背景和部分花朵图像，加强图像对比度，效果如图 9-70 所示。

图 9-68　素材图像　　　　　　图 9-69　减淡的图像　　　　　　图 9-70　加深的图像

9.3.3 涂抹工具

使用涂抹工具可以模拟在湿的颜料画布上涂抹而使图像产生的变形效果。该工具可以拾取鼠标单击处的颜色，并沿着拖动的方向展开这种颜色。

【练习9-6】绘制烟雾图像。

(1) 打开"素材\第9章\乡村.jpg"图像文件，如图9-71所示。新建一个图层，设置前景色为白色，选择画笔工具，在屋顶上方绘制白色图像，如图9-72所示。

图9-71　素材图像

图9-72　绘制白色图像

(2) 选择工具箱中的涂抹工具，在属性栏中设置强度为50%，使用鼠标单击白色图像，然后按住鼠标向上方拖动，得到涂抹变形的图像效果，如图9-73所示。

(3) 继续在白色图像上单击并拖动，得到朦胧的烟雾效果，如图9-74所示。

图9-73　涂抹图像

图9-74　最终的图像效果

注意：

在使用涂抹工具时，应注意画笔大小的调整，通常画笔越大，系统所运行的时间就越长，但涂抹出来的图像区域也越大。

9.3.4 海绵工具

使用海绵工具可以精确地更改图像区域中的色彩饱和度，产生像海绵吸水一样的效果，从而使图像失去光泽感。选择工具箱中的海绵工具，其属性栏如图9-75所示。

图9-75　海绵工具属性栏

【练习 9-7】去除背景颜色。

(1) 打开"素材\第 9 章\农作物.jpg"。在工具箱中选择海绵工具 ，在属性栏的"模式"下拉列表框中选择"去色"选项，设置"流量"为 100%，如图 9-76 所示。

(2) 使用海绵工具在背景图像中单击并拖动鼠标，降低背景图像的饱和度，如图 9-77 所示。

(3) 在工具属性栏中设置"模式"为"加色"，然后在手部图像上拖动鼠标，加深图像颜色，如图 9-78 所示。

图 9-76　设置工具属性栏　　　图 9-77　降低图像饱和度　　　图 9-78　加深图像颜色

9.3.5　课堂案例——制作许愿神灯

本实例将制作一个许愿神灯，主要练习使用涂抹工具制作出神灯中飘散的烟雾图像，实例效果如图 9-79 所示。

图 9-79　实例效果

实例分析

本实例制作的是一个神灯中飘出美女与烟雾的图像效果，首先制作一个渐变色背景，然后添加星空图像，让背景显得更绚烂，再添加美女和神灯图像，擦除人物腿部图像，结合画笔工具与涂抹工具的使用绘制出烟雾图像，与美女图像完美结合。

操作步骤

(1) 新建一个图像文件,在工具箱中选择渐变工具,单击属性栏左侧的渐变色条,打开"渐变编辑器"对话框,设置颜色从黑色到深蓝色(R9,G21,B71)到灰蓝色(R37,G41,B82),如图9-80所示。

(2) 单击"确定"按钮,对背景从上到下应用线性渐变填充,如图9-81所示。

图 9-80 设置渐变颜色

图 9-81 渐变填充

(3) 打开"素材\第9章\星空背景.jpg"图像,在工具箱中选择椭圆选框工具,在属性栏中设置羽化值为50像素,在图像中绘制一个椭圆形选区,如图9-82所示。

(4) 使用移动工具将选区中的图像直接拖动到当前编辑的图像中,放到画面中间,如图9-83所示。

(5) 这时"图层"面板中将自动生成一个新的图层,设置该图层的混合模式为"颜色减淡",得到的图像效果如图9-84所示。

图 9-82 绘制选区

图 9-83 移动图像

图 9-84 设置图层混合模式

(6) 打开"素材\第9章\神灯.psd"和"美女.psd"图像,使用移动工具分别将图像拖动到当前编辑的图像中,放到画面中,如图9-85所示。

(7) 选择美女图像所在图层,使用橡皮擦工具擦除美女的腿部图像,如图9-86所示。

(8) 新建一个图层,选择画笔工具在神灯的灯嘴上绘制多条彩色图像,如图9-87所示。

(9) 在工具箱中选择涂抹工具 ,对彩色图像做适当的涂抹,效果如图9-88所示。

(10) 设置该图层的混合模式为"滤色",并降低图层不透明度为75%,图像效果如图9-89所示。

(11) 新建一个图层,设置前景色为淡绿色(R106,G154,B163),再使用画笔工具绘制多条弯曲的线条,如图9-90所示。

图 9-85　添加素材图像

图 9-86　擦除图像

图 9-87　绘制图像

图 9-88　涂抹图像

图 9-89　图像效果

图 9-90　绘制图像

(12) 选择涂抹工具 对这些弯曲的线条图像做涂抹，慢慢地将弯曲线条调整为烟雾效果，如图 9-91 所示。

(13) 设置该图层的混合模式为"滤色"，得到的图像效果如图 9-92 所示。

(14) 使用相同的方式，绘制多条白色和彩色线条，然后使用涂抹工具将其涂抹成烟雾状，然后设置其图层混合模式为"滤色"，并适当降低图层不透明度，得到烟雾效果，如图 9-93 所示。

图 9-91　涂抹图像

图 9-92　图像效果

图 9-93　绘制其他烟雾

9.4 复制图像

在图像中还可以巧妙地复制图像，主要是使用两个工具，分别是仿制图章工具 和图案图章工具 ，通过这两个工具可以使用颜色或图案填充图像或选区，将图像进行复制或替换。

9.4.1 仿制图章工具

使用仿制图章工具 可以从图像中取样，然后将图像中的一部分复制到同一图像的另一个位置上。单击工具箱中的仿制图章工具按钮 ，在属性栏中可以设置图章的画笔大小、不透明度、模式和流量等参数，如图 9-94 所示。

图 9-94 仿制图章工具属性栏

【练习 9-8】复制草莓图像。

(1) 打开 "素材\第 9 章\草莓.jpg" 文件，如图 9-95 所示。选择仿制图章工具 ，将光标移至右侧红色草莓图像中，按住 Alt 键，当光标变成 形状时，单击鼠标左键进行图像取样，如图 9-96 所示。

图 9-95 打开图像

图 9-96 取样图像

(2) 松开 Alt 键，将鼠标移动到图像左侧适当的位置，单击并拖动鼠标即可复制草莓图像，如图 9-97 所示。

(3) 继续复制并单击并拖动鼠标，复制得到多个草莓图像，效果如图 9-98 所示。

图 9-97 复制图像

图 9-98 复制结果

9.4.2　图案图章工具

使用图案图章工具 ![icon] 可以将 Photoshop 提供的图案或自定义的图案应用到图像中。单击工具箱中的图案图章工具 ![icon]，其工具属性栏如图 9-99 所示。

图 9-99　图案图章工具属性栏

图案图章工具属性栏中主要选项的含义如下。

- 图案拾色器：单击图案缩览图右侧的三角形按钮打开图案拾色器，可选择所应用的图案样式。
- 对齐：选择该复选框，可以保持图案与原始起点的连续性，如图 9-100 所示；取消该选项，每次单击鼠标时都会重新应用图案，如图 9-101 所示。

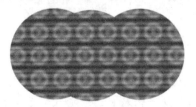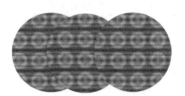

图 9-100　对齐效果　　　　　　　　　　图 9-101　不对齐效果

- 印象派效果：选中此选项时，绘制的图案具有印象派绘画的抽象效果，如图 9-102 和图 9-103 所示。

图 9-102　未选择印象派效果　　　　　　图 9-103　选择印象派效果

9.4.3　定义图案

除了可以使用 Photoshop 中预设的图案样式外，还可以自定义图案。选择"编辑"|"定义图案"命令，即可打开"图案名称"对话框，如图 9-104 所示，在"名称"右侧的文本框中输入图案名称，单击"确定"按钮，即可自定义一个图案，在图案图章工具属性栏中的图案列表框中可以找到自定义的图案，如图 9-105 所示。

图 9-104 定义图案

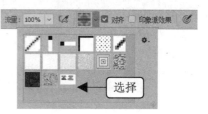

图 9-105 自定义的图案

9.5 思考练习

1. 使用_____可以利用样本或图案来修复所选图像区域中不理想的部分, 该工具是通过复制功能对图像进行处理。

A. 修补工具　　　　　　　　　　B. 仿制图章工具

C. 海绵工具　　　　　　　　　　D. 污点修复画笔

2. 使用_____工具可以柔化图像。

A. 模糊工具　　　　　　　　　　B. 锐化工具

C. 加深工具　　　　　　　　　　D. 减淡工具

3. 使用_____工具可以增大图像中的色彩反差。

A. 模糊工具　　　　　　　　　　B. 锐化工具

C. 加深工具　　　　　　　　　　D. 减淡工具

4. 使用_____工具可以提高图像中色彩的亮度, 常用来增加图像的亮度, 它主要是根据照片特定区域曝光度的传统摄影技术原理使图像变亮。

A. 模糊工具　　　　　　　　　　B. 锐化工具

C. 加深工具　　　　　　　　　　D. 减淡工具

5. 使用_____工具可以降低图像的曝光度。

A. 模糊工具　　　　　　　　　　B. 锐化工具

C. 加深工具　　　　　　　　　　D. 减淡工具

6. 如何在画笔工具属性栏中设置画笔的笔尖效果?

7. 在"画笔"面板中, "间距"选项的作用是什么?

8. 污点修复画笔工具和修复画笔工具有什么不同?

9. 内容感知移动工具的作用是什么?

第 *10* 章

调整色彩与色调

　　使用 Photoshop 中"调整"子菜单中的各种颜色调整命令，可以对图像进行偏色矫正、反相处理、明暗度调整等操作。用户可以通过对图像色彩与色调的调整，制作出色彩靓丽迷人的图像效果，也可以改变图像的表达意境，使图像更具感染力。

10.1 信息面板

使用"信息"面板可以快速、准确地查看各种信息，当没有任何操作时，它会显示光标所在位置的颜色值、文档信息等，如果执行了操作，如创建一个选区、调整颜色等，则会显示与当前操作相关的内容。

选择"窗口"|"信息"命令，打开"信息"面板，默认情况下会显示以下选项。

- 显示颜色信息：将光标放到图像中，面板中将会显示精确的坐标和颜色值，如图10-1所示。
- 显示选区大小：使用选框工具在图像中创建选区后，面板中会随鼠标的拖动显示选框的宽度和高度，即W、H值，如图10-2所示。

图 10-1 颜色信息

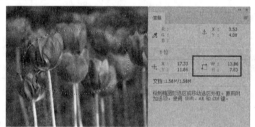

图 10-2 选区大小信息

- 显示定界框大小：使用裁剪工具或缩放工具时，面板中会显示相应的定界框宽度和高度，即W、H值，如图10-3所示。
- 显示变换参数：当图像中有变换操作时，面板中也可以显示宽度和高度的百分比变化，以及旋转角度(A)、水平切线(H)或垂直切线(V 的角度)，如图10-4所示。

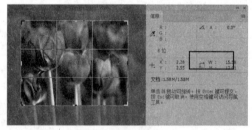

图 10-3 定界框大小

图 10-4 变换信息

注意：

单击"信息"面板右上方的 ▤ 按钮，在菜单中选择"面板选项"命令，即可打开"信息面板选项"对话框，在其中可以设置更多的颜色信息和状态信息。

10.2　直方图面板

　　"直方图"用图形的方式显示了图像像素在各个色调区域的分布情况。通过观察直方图，可以判断出图像阴影、中间调和高光中包含的细节情况，以便进行更好的校正。

　　打开一张图像，如图 10-5 所示，选择"窗口"|"直方图"命令，即可打开"直方图"面板，如图 10-6 所示。

图 10-5　打开图像

图 10-6　"直方图"面板

10.2.1　直方图的显示方式

　　在"直方图"面板中可以切换直方图显示方式，单击该面板右上方的■按钮，将弹出如图 10-7 所示的菜单。

　　"紧凑视图"是默认的显示方式，它显示的是不带统计数据或控件的直方图；"扩展视图"显示的是带有统计数据和控件的直方图，如图 10-8 所示；"全部通道视图"显示的是带有统计数据和控件的直方图，同时还显示该模式下的单个通道直方图，如图 10-9 所示。

图 10-7　命令菜单

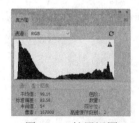

图 10-8　扩展视图

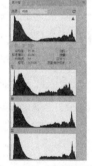

图 10-9　全部通道视图

10.2.2　直方图的数据

　　当"直方图"面板为"扩展视图"或"全部通道视图"时，面板中将显示统计数据，在直方图中拖动鼠标指针，则可以显示所选范围内的数据信息，如图 10-10 所示。

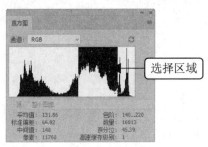

图 10-10　选择直方图部分区域

- 通道：在此下拉列表框中可以选择显示亮度分布的通道，"明度"表示复合通道的亮度，"红"、"绿"和"蓝"则表示单个通道的亮度，如果选择"颜色"则在直方图中以不同颜色显示，如图 10-11 所示。

- 平均值：显示图像像素的平均亮度值，通过观察该值可以判断出图像的色调类型。比如，直方图中的山峰位置偏右，则说明该图像色调整体偏亮，如图 10-12 所示。

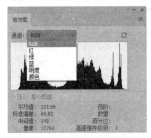

图 10-11　选择通道

图 10-12　观察平均值

- 标准偏差：显示图像像素亮度值的变化范围。该值越高，则图像的亮度变化越大。
- 中间值：显示亮度值范围内的中间值。图像的色调越亮，中间值越高。
- 像素：显示用于计算直方图的像素总数。
- 色阶/数量：色阶显示光标所指区域的亮度级别；而数量则显示光标所指亮度级别的像素总数，如图 10-13 所示。
- 百分位：显示光标所指的级别或该级别以下的像素累计数。该值表示图像中所有像素的百分数，从最左侧的 0% 到最右侧的 100%。如果只对部分色阶取样，显示的则是取样部分占总量的百分比，如图 10-14 所示。

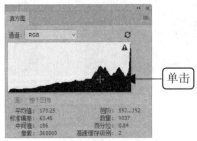

图 10-13　显示数值

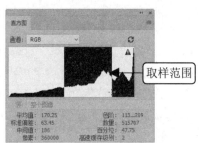

图 10-14　部分取样

10.3　色域和溢色

在 Photoshop 中调整图像颜色，首先要了解一些基础的色彩知识，下面就来介绍什么是色域和溢色。

10.3.1　色域

色域的范围由自然界可见光谱的颜色组成，它包含了人眼能见的所有颜色。人们根据人眼视觉特性，将光线波长转换为亮度和色相，创建了一套描述色域的色彩依据。在该数据中，Lab 模式的色彩范围最广，其次是 RGB 模式(屏幕模式)，而色彩范围最小的则是用于打印或印刷的 CMYK 模式。

注意：
为什么不在拾色器中直接过滤掉超出色域的颜色呢？这是因为很多颜色虽然不能被打印或印刷出来，但是在电脑显示器、手机、电视等屏幕是能够显示的。

10.3.2　溢色

由于 RGB 模式为屏幕模式，由此可以知道，显示器的色域(RGB 模式)比打印机的色域(CMYK 模式)广，所以在显示器中能显示的部分颜色不能通过打印机表现出来，而这部分颜色则称之为溢色。

当用户在"拾色器"对话框或"颜色"面板中设置一种颜色后，对话框中将会出现一个黑色三角形警告符号▲，如图 10-15 所示。这是提醒用户该颜色超出色域，这样的颜色是不能被打印或印刷出来的。单击黑色三角形下方的小色块，Photoshop 将自动提供与当前颜色最为接近的可用于打印的颜色，如图 10-16 所示。

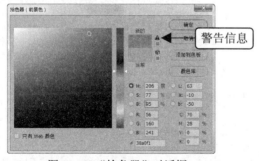

图 10-15　"拾色器"对话框

图 10-16　小色块

注意：
当用户在制作需要打印或印刷的图像文件时，最好选择 CMYK 模式，这样更符合打印或印刷的色域。

10.3.3　溢色警告

当用户打开一副图像文件后，如何才能知道哪些是属于印刷范围内的颜色呢？这就需要打开溢色警告。打开需要编辑的图像文件，如图 10-17 所示，选择"视图"|"色域警告"命令，画面中的溢色区域将以灰色图像显示，如图 10-18 所示。

图 10-17　原图　　　　　　　　　　　　　图 10-18　溢色区域

10.3.4　模拟印刷

用于印刷的设计作品，在输出前，可以在 Photoshop 中校对一下颜色。选择"视图"|"校样设置"|"工作中的 CMYK"命令，然后再选择"视图"|"校样颜色"命令启动电子校样，可以在显示器中模拟印刷的图像效果，确保图像以最正确的色彩进行输出。

注意：

"校样颜色"只是为了提供 CMYK 模式的预览，便于用户查看图像色彩的实际印刷情况，而不是真的将图像转换为该模式。

10.4　快速调整图像色彩

在 Photoshop 中，有些命令可以快速调整图像的整体色彩，主要包括多个自动命令、"照片滤镜"、"反相"等命令。

10.4.1　自动色调/对比度/颜色

当图像中有一些细微的色差时，可以使用 Photoshop 中的自动调整色调命令，主要包括"自动色调"、"自动对比度"和"自动颜色"命令。

1. 自动色调

"自动色调"命令将每个颜色通道中的最亮和最暗像素定义为黑色和白色，然后按比例重新分布中间像素值。默认情况下，该命令会剪切白色和黑色像素的 0.5%，来忽略一些极端的像素。

　　打开一幅需要调整的照片，如图 10-19 所示，这张风景图像明显有色偏问题。选择"图像"|"自动色调"命令，系统将自动调整图像的明暗度，去除图像中不正常的高亮区和黑暗区，如图 10-20 所示。

图 10-19　原图　　　　　　　　　　　图 10-20　自动色调效果

2. 自动对比度

　　"自动对比度"命令不仅能自动调整图像色彩的对比度，还能调整图像的明暗度。该命令是通过剪切图像中的阴影和高光值，并将图像剩余部分的最亮和最暗像素映射到色阶为 255(纯白)和色阶为 0(纯黑)的程度，让图像中的高光看上去更亮，阴影看上去更暗。如对图 10-19 所示的图片使用"自动对比度"命令，即可得到如图 10-21 所示的效果。

3. 自动颜色

　　"自动颜色"命令是通过搜索图像来调整图像的对比度和颜色。与"自动色调"和"自动对比度"一样，使用"自动颜色"命令后，系统会自动调整图像颜色。对图 10-19 所示的图片使用"自动颜色"命令，即可得到如图 10-22 所示的效果。

图 10-21　自动对比度效果　　　　　　图 10-22　自动颜色效果

10.4.2　照片滤镜

使用"照片滤镜"命令可以把带颜色的滤镜放在照相机镜头前方来调整图像颜色，还可通过选择色彩预置，调整图像的色相。

打开需要调整颜色的图像文件，如图10-23所示。选择"图像"|"调整"|"照片滤镜"命令，打开"照片滤镜"对话框，如图10-24所示。

图10-23　素材图像　　　　　　　　　　　　　　图10-24　"照片滤镜"对话框

"照片滤镜"对话框中主要选项的作用如下。

- 滤镜：选中该单选按钮后，在其右侧的下拉列表框中可以选择预设好的滤镜效果应用到图像中，如选择"深红"，调整"浓度"参数，图像效果如图10-25所示。
- 颜色：选中该单选按钮后，单击右侧的颜色框，可以设置过滤颜色，如图10-26所示。
- 浓度：拖动滑块可以控制着色的强度，数值越大，滤色效果越明显。
- 保留明度：选中该复选框，可以保留图像的明度不变。

图10-25　选择预设滤镜　　　　　　　　　　　　图10-26　自定义颜色

10.4.3　去色

使用"去色"命令可以去掉图像的颜色，只显示具有明暗度的灰度颜色，选择"图像"|"调整"|"去色"命令，即可将图像中所有颜色的饱和度都变为0，从而将图像变为彩色模式下的灰色图像。

注意：
使用"去色"命令后可以将原有图像的色彩信息去掉，但是，这个去色操作并不是将颜色模式转为灰度模式。

10.4.4　反相

使用"反相"命令可以把图像的色彩反相，常用于制作胶片的效果。选择"图像"|"调整"|"反相"命令后，能把图像的色彩反相，从而转化为负片，或将负片还原为图像。当再次使用该命令时，图像会被还原。

【练习 10-1】制作负片图像效果。

(1) 打开"素材\第 10 章\自行车.jpg"图像，如图 10-27 所示。

(2) 选择"图像"|"调整"|"反相"命令，得到彩色负片效果，如图 10-28 所示。

(3) 选择"图像"|"调整"|"去色"命令，得到黑白负片效果，如图 10-29 所示。

图 10-27　原图像　　　　　图 10-28　彩色负片效果　　　　　图 10-29　黑白负片效果

10.4.5　色调均化

"色调均化"是将图像中像素的亮度值做重新分布，以便更均匀地呈现所有范围的亮度级。选择"色调均化"命令后，图像中的最亮值呈现为白色，最暗值呈现为黑色，中间值则均匀地分布在整个图像的灰度色调中。 例如，选择"图像"|"调整"|"色调均化"命令，可以将如图 10-30 所示的图像转换为如图 10-31 所示的效果。

图 10-30　原图像　　　　　　　　　图 10-31　色调均化后的效果

注意：

如果使用"色调均化"命令时，图像中有选区存在，使用该命令时会弹出"色调均化"对话框，在其中可以选择仅作用于选区内图像，或者作用于整个图像。

10.5 调整图像明暗度

在图像处理过程中很多时候需要进行明暗度的调整，通过对图像明暗度的调整可以提高图像的清晰度，使图像看上去更加生动。

10.5.1 亮度/对比度

使用"亮度/对比度"命令可以整体调整图像的亮度/对比度，从而实现对图像色调的调整。该命令是常用的色调调整命令，能够快速地校正图像中的灰度问题。

【练习 10-2】校正灰度图像。

(1) 打开"素材\第 10 章\凉亭.jpg"图像，如图 10-32 所示。

(2) 选择"图像"|"调整"|"亮度/对比度"命令，打开"亮度/对比度"对话框，设置"亮度"为 80、"对比度"为 38，如图 10-33 所示。单击"确定"按钮，得到如图 10-34 所示的效果。

图 10-32 打开素材　　　　　图 10-33 设置亮度/对比度　　　　　图 10-34 调整后的效果

10.5.2 色阶

使用"色阶"命令不仅可以调整图像中颜色的明暗对比度，还能对图像中的阴影、中间调和高光强度做精细的调整。也就是说，"色阶"命令不仅可以调整色调，还可以调整色彩。

【练习 10-3】打造清新明快色调。

(1) 打开"素材\第 10 章\菜地中的美女.jpg"图像，可以看到图像整体偏暗，并且缺少层次感，如图 10-35 所示。

(2) 选择"图像"|"调整"|"色阶"命令，打开"色阶"对话框，选择"输入色阶"中间的三角形滑块向左拖动，增强中间调的亮度，如图 10-36 所示。

图 10-35　素材图像

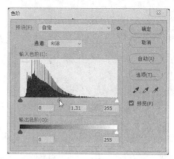

图 10-36　调整输入色阶

"色阶"对话框中主要选项的作用如下。

- "通道"下拉列表框：用于设置要调整的颜色通道。它包括了图像的色彩模式和原色通道，用于选择需要调整的颜色通道。
- "输入色阶"文本框：从左至右分别用于设置图像的暗部色调、中间色调和亮部色调，可以在文本框中直接输入相应的数值，也可以拖动色调直方图底部滑条上的 3 个滑块来进行调整。
- "输出色阶"文本框：用于调整图像的亮度和对比度，范围为 0~255；右边的编辑框用来降低亮部的亮度，范围为 0~255。
- "自动"按钮：单击该按钮可自动调整图像中的整体色调。

(3) 选择"输入色阶"右侧的三角形滑块，向左拖动即可增加图像亮度和对比度，如图 10-37 所示，调整色阶后的图像效果如图 10-38 所示。

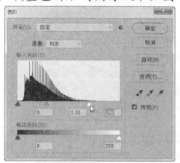

图 10-37　调整输入色阶

图 10-38　图像效果

(4) 选择"输入色阶"左侧的三角形滑块，向右拖动即可调整图像暗部色调，如图 10-39 所示。单击"确定"按钮，完成图像的调整，效果如图 10-40 所示。

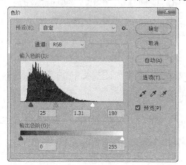

图 10-39　调整输入色阶

图 10-40　图像效果

注意：

按 Ctrl+L 组合键，可以快速打开"色阶"对话框。在"色阶"对话框中的"输入色阶"或"输出色阶"文本框中直接输入色阶值，可以精确地设置图像的色阶参数。

10.5.3　曲线

"曲线"命令的功能非常强大，它可以对图像的色彩、亮度和对比度进行综合调整，并且在从暗调到高光这个色调范围内，可以对多个不同的点进行调整。

选择"图像"|"调整"|"曲线"命令，打开"曲线"对话框，如图 10-41 所示，该对话框中包含了一个色调曲线图，其中曲线的水平轴代表图像原来的亮度值，即输入值；垂直轴代表调整后的亮度值，即输出值。

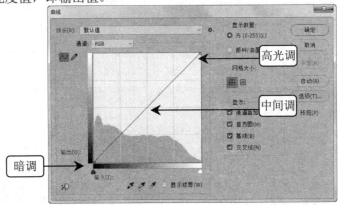

图 10-41　"曲线"对话框

"曲线"对话框中主要选项的作用如下。

● 通道：用于显示当前图像文件的色彩模式，并可从中选取单色通道对单一的色彩进行调整。

● 输入：用于显示原来图像的亮度值，与色调曲线的水平轴相同。

● 输出：用于显示图像处理后的亮度值，与色调曲线的垂直轴相同。

● 编辑点以修改曲线～：是系统默认的曲线工具，用来在图表中各处制造节点而产生色调曲线。

● 通过绘制来修改曲线✐：用铅笔工具在图表上画出需要的色调曲线，选中它，当鼠标变成画笔后，可用画笔徒手绘制色调曲线。

【练习 10-4】通过曲线调整图像明暗度。

(1) 打开"素材\第 10 章\夕阳.jpg"图像，可以看到该夕阳图像中的色调整体偏暗，如图 10-42 所示，下面我们将调整出阳光明媚的图像效果。

(2) 选择"图像"|"调整"|"曲线"命令，打开"曲线"对话框，在曲线上方"高光调"处单击鼠标，创建一个节点，然后按住鼠标将其向上拖动，增加高光图像亮度，如图 10-43 所示。

图 10-42 打开素材图像

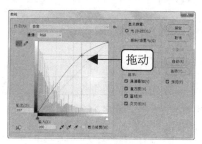

图 10-43 调整高光调

(3) 在曲线的"暗调"处单击鼠标，创建一个节点，然后将其向上方进行拖动，增加暗部图像亮度，如图 10-44 所示，得到的图像效果如图 10-45 所示。

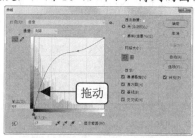

图 10-44 调整暗部图像亮度

图 10-45 图像效果

(4) 在曲线的"中间调"处单击鼠标，创建一个节点，适当向下拖动，平衡图像的中间调亮度，如图 10-46 所示。

(5) 完成曲线的调整后，单击"确定"按钮，得到调整后的图像效果如图 10-47 所示。

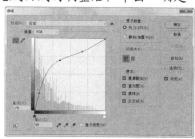

图 10-46 调整中间调

图 10-47 图像效果

(6) 选择"图像" | "调整" | "亮度/对比度"命令，打开"亮度/对比度"对话框，设置"亮度"为 54，增加图像整体亮度，如图 10-48 所示。

(7) 单击"确定"按钮，完成图像的调整，如图 10-49 所示，得到阳光明媚的图像效果。

图 10-48 调整图像亮度

图 10-49 图像效果

10.5.4 阴影/高光

"阴影/高光"命令可以准确地调整图像中阴影和高光的分布，能够还原图像阴影区域过暗或高光区域过亮造成的细节损失。当调整阴影区域时，几乎不影响高光图像区域；当调整高光区域时，对阴影图像区域影响较小。

【**练习 10-5**】调整图像的阴影和高光。

(1) 打开需要调整阴影和高光的图像文件，如图 10-50 所示。

(2) 选择"图像"|"调整"|"阴影/高光"命令，打开"阴影/高光"对话框，选中"显示更多选项"复选框，然后分别调整图像的阴影、高光等参数，如图 10-51 所示.

(3) 单击"确定"按钮，得到调整后的图像效果，如图 10-52 所示。

 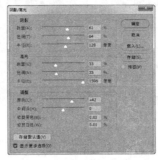 

图 10-50　素材图像　　　　图 10-51　调整图像阴影和高光　　　图 10-52　调整后的图像

"阴影/高光"对话框中主要选项的作用如下。

- "阴影"栏：用来增加或降低图像中的暗部色调。
- "高光"栏：用来增加或降低图像中的高光部分。
- "调整"栏：用于调整图像中的颜色偏差。
- "存储默认值"按钮：单击该按钮，可将当前设置存储为"阴影/高光"命令的默认设置。若要恢复默认值，可以按住 Shift 键，"存储默认值"按钮将变成"恢复默认值"，然后单击该按钮即可。

10.5.5 曝光度

使用"曝光度"命令可以通过调整曝光度、位移、灰度系数 3 个参数调整照片的对比反差，经常用于处理数码照片中常见的曝光不足或曝光过度等问题。

选择"图像"|"调整"|"曝光度"命令，打开"曝光度"对话框，如图 10-53 所示。

图 10-53　"曝光度"对话框

"曝光度"对话框中主要选项的作用如下。

- 预设：该下拉列表框中有 Photoshop 默认的几种设置，可以进行简单的图像调整。
- 曝光度：用于调整色调范围的高光端，对极限阴影的影响很轻微。向左拖动滑块，可以降低图像曝光效果，如图 10-54 所示，向右拖动滑块，可以增强图像曝光效果，如图 10-55 所示。
- 位移：使阴影和中间调变暗，对高光的影响很轻微。
- 灰度系数校正：使用简单的乘方函数调整图像灰度系数。处于负值时会被视为它们的相应正值，也就是说，虽然这些值为负，但仍然会像正值一样被调整。

图 10-54　降低曝光度

图 10-55　增加曝光度

10.6　校正图像色彩

对于图形设计者而言，校正图像的色彩非常重要。在 Photoshop 中，设计者不仅可以运用"调整"菜单对图像的色调进行调整，还可以对图像的色彩进行有效的校正。

10.6.1　自然饱和度

"自然饱和度"可以在增加图像饱和度的同时有效防止颜色饱和过度，当图像颜色接近最大饱和度时最大限度地减少颜色的流失。

【练习 10-6】调整图像的饱和度。

(1) 打开需要调整饱和度的图像文件，如图 10-56 所示。

(2) 选择"图像"|"调整"|"自然饱和度"命令，打开"自然饱和度"对话框，分别将"自然饱和度"和"饱和度"下面的三角形滑块向右拖动，增加图像的饱和度，如图 10-57 所示。

(3) 单击"确定"按钮，得到如图 10-58 所示的效果。

图 10-56 需调整的图像

图 10-57 调整图像饱和度

图 10-58 调整后的效果

10.6.2 色相/饱和度

使用"色相/饱和度"命令可以调整图像中单个颜色成分的色相、饱和度和亮度，从而实现图像色彩的改变。还可以通过给像素指定新的色相和饱和度，给灰度图像添加颜色。

选择"图像"|"调整"|"色相/饱和度"命令，打开"色相/饱和度"对话框，如图 10-59 所示。

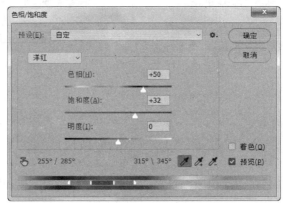
图 10-59 "色相/饱和度"对话框

"色相/饱和度"对话框中主要选项的作用如下。

- 全图(编辑)：用于选择作用范围。如选择"全图"选项，则将对图像中所有颜色的像素起作用，其余选项表示对某一颜色成分的像素起作用。
- 色相/饱和度/明度：调整所选颜色的色相、饱和度或亮度。
- 着色：选中该复选框，可以将图像调整为灰色或单色的效果。

【练习 10-7】调整图像的色相和饱和度。

(1) 打开"素材\第 10 章\马卡龙.jpg"图像，如图 10-60 所示，下面将调整图像中蛋糕的颜色。

(2) 选择"图像"|"调整"|"色相/饱和度"命令，打开"色相/饱和度"对话框，在"全图"下拉菜单中选择"洋红"色，调整"色相"为 50、"饱和度"为 32，图像中间两个蛋糕从紫色变为了洋红色，如图 10-61 所示。

图 10-60　调整参数

图 10-61　调整洋红色调

(3) 选择"黄色"进行调整，设置"色相"为 41、"饱和度"为 39，将图像左上方的树叶图像调整为翠绿色，如图 10-62 所示。

(4) 选择"红色"进行调整，设置"色相"为 35、"饱和度"为 38，将最左侧的两个蛋糕调整为黄色，让整个画面颜色看起来更加丰富，效果如图 10-63 所示，单击"确定"按钮完成颜色的调整。

图 10-62　调整黄色调

图 10-63　调整红色调

注意：

在"色相/饱和度"对话框中选中"着色"复选框，可以对图像进行单色调整，但对话框中的"全图"下拉列表框将不可用。

10.6.3　色彩平衡

"色彩平衡"命令主要是通过颜色中的补色原理，在补色之间进行相应的增加或减少，从而调整整体图像的色彩平衡。运用该命令来调整图像中出现的偏色情况有很好的效果。选择"图像"|"调整"|"色彩平衡"命令，打开"色彩平衡"对话框，如图 10-64 所示。

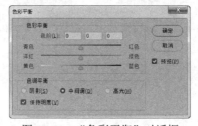

图 10-64　"色彩平衡"对话框

"色彩平衡"对话框中主要选项的作用如下。

- 色彩平衡：用于在"阴影"、"中间调"或"高光"中添加过渡色来平衡色彩效果，也可直接在色阶框中输入相应的值来调整颜色均衡。
- 色调平衡：用于选择用户需要着重进行调整的色彩范围。
- 保持明度：选中该复选框，在调整图像色彩时可以使图像亮度保持不变。

【练习 10-8】通过色彩平衡处理偏色的图像。

(1) 打开"素材\第 10 章\秋季.jpg"图像，如图 10-65 所示，这张照片色调整体偏绿，画面感觉很冷，下面我们为图像校正颜色，并处理为暖色调图像。

(2) 选择"图像"｜"调整"｜"色彩平衡"命令，打开"色彩平衡"对话框，选择"中间调"选项，分别拖动三角形滑块，为图像添加红色、洋红色和黄色，同时降低青色、绿色和蓝色，如图 10-66 所示。

图 10-65　素材图像　　　　　　　　　图 10-66　调整中间色调

(3) 选择"阴影"选项，拖动三角形滑块，分别添加阴影图像中的红色和黄色，如图 10-67 所示。

(4) 选择"高光"选项，为高光图像添加一些洋红色和黄色并确定，使画面看起来整体更协调，如图 10-68 所示。

图 10-67　调整阴影图像　　　　　　　　图 10-68　调整高光图像

(5) 选择"图像"｜"调整"｜"色阶"命令，打开"色阶"对话框，调整"输入色阶"下方的三角形滑块，增加图像整体亮度和对比度，如图 10-69 所示。

(6) 单击"确定"按钮，得到调整后的图像，如图 10-70 所示，完成图像的处理。

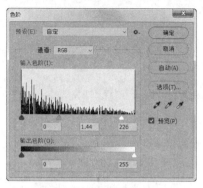

图 10-69　调整整体亮度

图 10-70　图像效果

10.6.4　匹配颜色

使用"匹配颜色"命令可以使目标图像的颜色与源图像中的颜色进行混合，达到改变当前图像色彩的目的。它还允许用户通过更改图像的亮度、色彩范围以及中和色痕来调整图像中的颜色。源图像和目标图像可以是两个独立的图像，也可以用同一个图像中不同图层之间的颜色进行匹配。

【练习 10-9】打造金碧辉煌的殿堂。

(1) 打开"素材\第 10 章\殿堂.jpg"和"光斑.jpg"图像，作为需要混合图像颜色的图像文件，如图 10-71 和图 10-72 所示。

图 10-71　殿堂图像

图 10-72　光斑图像

(2) 选择"殿堂"图像作为当前文件，选择"图像"|"调整"|"匹配颜色"命令，打开"匹配颜色"对话框，"目标图像"栏中会显示当前所选图像为"殿堂"图像，然后在"源"下拉列表框中选择"光斑"素材图像，再调整图像的明亮度、颜色强度和渐隐参数，如图 10-73所示。

(3) 完成参数的设置后，单击"确定"按钮，对图像进行匹配颜色的效果如图 10-74 所示，得到金碧辉煌的殿堂图像效果。

图 10-73　调整匹配颜色

图 10-74　图像效果

"匹配颜色"对话框中主要选项的作用如下。

- 目标图像：用来显示当前图像文件的名称。
- 图像选项：用于调整匹配颜色时的明亮度、颜色强度和渐隐效果。
- 图像统计：用于选择匹配颜色时图像的来源或所在的图层。

注意：

在使用"匹配颜色"命令时，图像文件的色彩模式必须是 RGB 模式，否则该命令将不能使用。

10.6.5　替换颜色

使用"替换颜色"命令可以调整图像中选取的特定颜色区域的色相、饱和度和亮度值，将指定的颜色替换掉。

【练习 10-10】制作红色枫叶。

(1) 打开"素材\第 10 章\大树.jpg"图像，如图 10-75 所示。

(2) 选择"图像"|"调整"|"替换颜色"命令，打开"替换颜色"对话框，使用吸管工具在图像中单击树叶中较亮的绿色图像，得到需要替换的颜色。然后设置"颜色容差"为 83，再设置替换颜色的色相、饱和度和明度，如图 10-76 所示。

图 10-75　素材图像

图 10-76　替换较亮的绿色

(3) 单击"添加到取样"按钮，在对话框的预览图中单击较白的区域进行取样，如图

10-77 所示。

(4) 这时图像中的大部分颜色已经替换为红色调，再单击剩余的部分浅绿色，改变图像色调，单击"确定"按钮，得到替换颜色后的效果，如图 10-78 所示。

图 10-77　在对话框中取样　　　　　　　　　　图 10-78　替换颜色后的图像

10.6.6　可选颜色

使用"可选颜色"命令可以对图像中的某种颜色进行调整，修改图像中某种原色的数量而不影响其他原色。

【练习 10-11】制作小清新图像。

(1) 打开"素材\第 10 章\宝贝.jpg"图像，如图 10-79 所示。图像中人物肌肤偏红，需要做一定的调整。

(2) 选择"图像"|"调整"|"可选颜色"命令，打开"可选颜色"对话框，在"颜色"下拉列表框中选择"红色"作为需要调整的颜色，然后为图像添加青色，并降低红色、黄色和黑色，如图 10-80 所示。

图 10-79　色彩图像　　　　　　　　　　图 10-80　调整红色

(3) 在"颜色"下拉列表框中选择"黄色"进行调整，为图像添加青色和黄色，将背景中的草地树叶调整成翠绿色，如图 10-81 所示。

(4) 选择"白色"，调整"黑色"下面的三角形滑块，增加图像中的高光图像亮度，如图 10-82 所示。

(5) 单击"确定"按钮，得到调整后的图像效果，如图 10-83 所示。

图 10-81　调整黄色　　　　　图 10-82　调整白色　　　　　图 10-83　图像效果

(6) 选择"滤镜"|"渲染"|"镜头光晕"命令，打开"镜头光晕"对话框，在预览框中将光标定位在图像右上方，选择"镜头类型"为"35 毫米聚焦"，设置参数为 164，如图 10-84 所示。

(7) 单击"确定"按钮，得到添加阳光的图像，效果如图 10-85 所示。

图 10-84　设置滤镜参数　　　　　　　　图 10-85　图像效果

10.6.7　通道混和器

使用"通道混和器"命令，可以让两个通道使用加减的模式进行混合，它是控制通道中颜色含量的高级工具。

打开一个 RGB 模式图像，如图 10-86 所示，选择"图像"|"调整"|"通道混和器"命令，打开"通道混和器"对话框，在"输出通道"选项中可以选择需要调整的通道，如图 10-87 所示。

 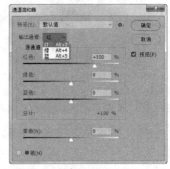

图 10-86　RGB 模式图像　　　　　　图 10-87　"通道混和器"对话框

"通道混和器"对话框中主要选项的作用如下。

- 输出通道：用于选择进行调整的通道。
- 源通道：通过拖动滑块或输入数值来调整源通道在输出通道中所占的百分比值。
- 常数：通过拖动滑块或输入数值来调整通道的不透明度。
- 单色：将图像转变成只含灰度值的灰度图像。

拖动通道下方的三角形滑块，可以调整通道参数。如选择输出通道为"红"色，拖动"蓝色"下方的三角形滑块，蓝色通道将会与所选的输出通道(红通道)混合，如图 10-88 所示，这种混合方式可以很好地控制混合强度，当滑块越靠近两端时，混合强度就越高，效果如图 10-89 所示。

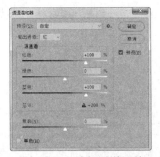
图 10-88 选择通道调整

图 10-89 图像调整效果

如果只调整下面的"常数"滑块，可以直接调整所选"输出通道"的颜色值，该通道不会与任何通道混合，只会让高光或阴影变灰，如图 10-90 和图 10-91 所示。

图 10-90 调整"常数"

图 10-91 图像调整效果

10.6.8 课堂案例——调出青春色调

本实例将调整图像色调，主要练习多种调整颜色命令的使用，实例效果如图 10-92 所示。

图 10-92 实例效果

实例分析

本实例首先使用"曲线"命令，从细节上调整图像的整体亮度和暗部色调，然后再调整图像的色相和饱和度，让图像颜色更加翠绿，最后通过图层混合模式得到特殊色调图像，再输入文字，完善画面。

操作步骤

(1) 选择"文件"|"打开"命令，打开"素材\第 10 章\树叶里的女孩.jpg"图像，如图 10-93 所示。

(2) 选择"图像"|"调整"|"曲线"命令，打开"曲线"对话框，在曲线中添加两个节点，分别调整图像整体亮度与暗部色调，如图 10-94 所示。

图 10-93　打开素材图像

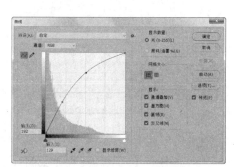

图 10-94　调整曲线

(3) 单击"确定"按钮，得到调整后的图像效果，如图 10-95 所示。

(4) 选择"图像"|"调整"|"色相/饱和度"命令，打开"色相/饱和度"对话框，调整图像色相和饱和度参数分别为 6 和 27，如图 10-96 所示。

图 10-95　图像效果

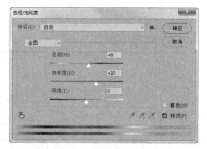

图 10-96　调整色相/饱和度

(5) 单击"确定"按钮，得到调整颜色后的图像效果，如图 10-97 所示。

(6) 按 Ctrl+J 组合键复制一次图像，得到图层 1，设置该图层混合模式为"滤色"，得到较亮的图像效果，如图 10-98 所示。

图 10-97　图像效果

图 10-98　复制图像

(7) 选择橡皮擦工具，在属性栏中设置"不透明度"为 15%，适当擦除人物面部图像，降低面部亮度，使图像显得更加自然，如图 10-99 所示。

(8) 新建一个图层，在画面左侧绘制一个矩形选区，如图 10-100 所示。

图 10-99　擦除图像

图 10-100　绘制选区

(9) 选择"编辑"|"描边"命令，打开"描边"对话框，设置描边"宽度"为 15 像素，颜色为白色，"不透明度"为 40%，其他设置如图 10-101 所示。

(10) 单击"确定"按钮，得到透明描边图像，如图 10-102 所示。

图 10-101　设置描边

图 10-102　描边效果

(11) 选择横排文字工具，在矩形框中输入中文和英文文字，在属性栏中设置字体为不同粗细的黑体，填充为白色，如图 10-103 所示，完成本实例的制作。

图 10-103　输入文字

10.7　调整图像特殊颜色

图像颜色的调整具有多样性，除了可以调整一些简单的颜色外，还可以调整图像的特殊颜色。例如，使用"渐变映射"、"阈值"等命令可以使图像产生特殊的效果。

10.7.1　渐变映射

使用"渐变映射"命令可以改变图像的色彩，首先将图像转换为灰度，再使用渐变颜色对图像的颜色进行调整。

【练习 10-12】使用"渐变映射"命令制作怀旧色调。

(1) 打开"素材\第 10 章\小女孩.jpg"图像，如图 10-104 所示。选择"图像"｜"调整"｜"渐变映射"命令，打开"渐变映射"对话框，如图 10-105 所示。

图 10-104　素材图像

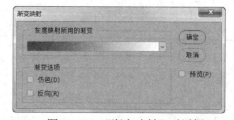

图 10-105　"渐变映射"对话框

"渐变映射"对话框中主要选项的作用如下。

● 灰度映射所用的渐变：单击渐变颜色框，可以打开"渐变编辑器"对话框来编辑所需的渐变颜色。

● 仿色：选中该复选框，可以随机添加杂色来平滑渐变填充的外观，使渐变效果更加平滑。

● 反向：选中该复选框，图像将实现反转渐变。

(2) 单击对话框中的渐变颜色框，打开"渐变编辑器"对话框，设置颜色为从土黄色(R57,G30,B23)到淡黄色(R255,G208,B152)渐变，如图 10-106 所示。

(3) 单击"确定"按钮回到"渐变映射"对话框，单击对话框中的"确定"按钮，得到的图像效果如图 10-107 所示。

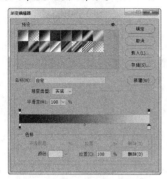

图 10-106　设置渐变颜色

图 10-107　图像效果

10.7.2　色调分离

使用"色调分离"命令，可以指定图像中每个通道的色调级(或亮度值)的数目，然后将像素映射为最接近的匹配级别。

打开一幅素材图像，如图 10-108 所示，选择"图像"|"调整"|"色调分离"命令，打开"色调分离"对话框，其中"色阶"选项用于设置图像色调变化的程度，数值越大，图像色调变化越大，效果越明显，如图 10-109 所示。

图 10-108　原图像

图 10-109　色调分离效果

10.7.3　黑白

"黑白"命令可以轻松地将彩色图像转换为丰富的黑白图像，然后精细地调整图像每一种色调值和浓淡。使用该命令还可以将黑白图像转换为带有颜色的单色图像。

【练习 10-13】制作单色图像。

(1) 打开"素材\第 10 章\草屋.jpg"图像，由于这个图像中的黄色较多，所以主要调整这个颜色，如图 10-110 所示。

(2) 选择"图像"|"调整"|"黑白"命令,打开"黑白"对话框,拖动"黄色"下面的三角形滑块,增加图像中的黄色区域图像,其他参数保持默认设置,如图 10-111 所示。

图 10-110　素材图像

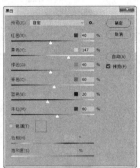
图 10-111　"黑白"对话框

(3) 设置好参数后进行确定,即可得到调整图像后的效果,如图 10-112 所示。

(4) 如果选择"色调"选项,可以拖动"色相"和"饱和度"下方的三角形滑块,得到单色调图像效果,如图 10-113 所示。

图 10-112　黑白图像

图 10-113　调整后的图像

注意:

"去色"命令只能简单地去掉所有颜色,将图像转为灰色调,并丢失很多细节,而"黑白"命令则可以通过参数的设置,调整每种颜色在黑白图像中的亮度,使用"黑白"命令可以制作出高质量的黑白照片。

10.7.4　阈值

使用"阈值"命令可以将一个彩色或灰度图像变成只有黑白两种色调的黑白图像,这种效果适合用来制作版画。

打开一幅需要调整的图像文件,选择"图像"|"调整"|"阈值"命令,在打开的"阈值"对话框中拖动下面的三角形滑块设置阈值参数,如图 10-114 所示,设置完成后单击"确定"按钮,即可调整图像的效果,如图 10-115 所示。

图 10-114　素材图像

图 10-115　阈值图像效果

10.8　思考练习

1. 当用户在制作需要打印或印刷的图像文件时，最好选择_____模式。

A. RGB　　　　　B. CMYK　　　　　C. LAB　　　　　D. HSB

2. _____将每个颜色通道中的最亮和最暗像素定义为黑色和白色，然后按比例重新分布中间像素值。

A. 照片滤镜　　　　　　　　B. 自动色调

C. 色调均化　　　　　　　　D. 去色

3. _____命令可以对图像的色彩、亮度和对比度进行综合调整，并且在从暗调到高光这个色调范围内，可以对多个不同的点进行调整。

A. 亮度/对比度　　　　　　　B. 色阶

C. 曲线　　　　　　　　　　D. 阴影/高光

4. 使用_____ 命令可以调整图像中单个颜色成分的色相、饱和度和亮度，从而实现图像色彩的改变。

A. 自然饱和度　　　　　　　B. 色相和饱和度

C. 色彩平衡　　　　　　　　D. 可选颜色

5. 使用_____可以将一个彩色或灰度图像变成只有黑白两种色调的黑白图像。

A. 渐变映射　　　　　　　　B. 色相和饱和度

C. 色调分离　　　　　　　　D. 阈值

6. 什么是溢色？

7. "照片滤镜"命令的作用是什么？

8. "匹配颜色"命令的作用是什么？

第 *11* 章

应用路径和形状

　　本章将学习使用路径和形状工具绘制矢量图形，用户可以通过对路径的编辑绘制出各种造型的图形，再将路径转换为选区，从而方便地对图像进行各种处理。

11.1 了解路径与绘图模式

路径是可以转换为选区或使用颜色填充和描边的轮廓，由于路径的灵活多变和强大的图像处理功能，使其深受广告设计人员的喜爱。

11.1.1 认识绘图模式

在 Photoshop 中绘制路径与图形主要是使用钢笔工具和形状工具。钢笔工具和形状工具绘制出的图形都是矢量图形，都可以通过路径编辑工具进行各种编辑。钢笔工具主要用于绘制不规则图形，而形状工具则是通过 Photoshop 中内置的图形样式绘制出规则的图形。

在绘制图形之前，首先要在工具属性栏中选择绘图模式，选择钢笔工具或形状工具，在其属性栏左侧可以看到绘图模式选项，如图 11-1 所示，其中包括"形状"、"路径"和"像素"，各种模式的图像效果如图 11-2 所示。

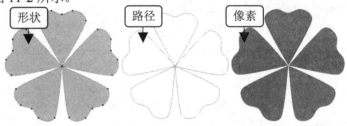

图 11-1　绘图模式　　　　　　　　　　　　图 11-2　各种模式效果

- 形状：绘制路径后，在"图层"面板会自动添加一个新的形状图层。形状图层就是带形状剪贴路径的填充图层，图层中间的填充色默认为前景色。单击缩略图可改变填充颜色。
- 路径：绘制出来的矢量图形将只产生工作路径，而不产生形状图层和填充色。
- 像素：绘制图形时既不产生工作路径，也不产生形状图层，但会使用前景色填充图像。这样，绘制的图像将不能作为矢量对象编辑。

11.1.2 路径的结构

路径在 Photoshop 中是使用贝赛尔曲线所构成的一段闭合或者开放的曲线段，主要由钢笔工具和形状工具绘制而成，它与选区一样本身是没有颜色和宽度的，不会被打印出来。

路径的很多操作基本都是通过"路径"面板来进行的，选择"窗口"|"路径"命令即可打开该面板，在其中可以看到绘制的路径缩览图，如图 11-3 所示。

图 11-3　"路径"面板

　　绘制路径后，可以看到，路径主要由锚点、线段(直线或曲线)以及控制手柄 3 部分构成，直线型路径中的锚点无控制手柄，曲线型路径中的锚点由两个控制手柄来控制曲线的形状，如图 11-4 所示。

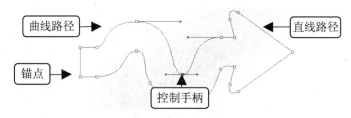

图 11-4　路径结构图

- 锚点：锚点由空心小方格表示，分别在路径中每条线段的两端，黑色实心的小方格表示当前选择的定位点。定位点有平滑点和拐点两种，平滑点是平滑连接两条线段的定位点；拐点是非平滑连接两条线段的定位点。
- 控制手柄：当选择一个锚点后，会在该锚点上显示 1～2 条控制手柄，拖动控制手柄一端的小圆点就可调整与之关联的线段的形状和曲率。
- 线段：由多条线段依次连接而成的一条路径。

11.2　使用钢笔工具组

　　在 Photoshop 中，使用钢笔工具可以绘制出平滑的曲线，在缩放或者变形之后仍能保持平滑效果，使用钢笔工具可以绘制直线路径和曲线路径。

11.2.1　钢笔工具

　　钢笔工具属于矢量绘图工具，绘制出来的图形为矢量图形。使用钢笔工具绘制直线段的方法较为简单，在画面中单击作为起点，然后到适当的位置再次单击即可绘制出直线路径，按住鼠标进行拖动，即可绘制出曲线路径。选择钢笔工具 ，其对应的工具属性栏如图 11-5 所示。

图 11-5　钢笔工具属性栏

钢笔工具属性栏中各选项的作用如下。

- 路径 ÷ ：在该下拉列表中有 3 种选项：形状、路径和像素，它们分别用于创建形状图层、工作路径和填充区域，选择不同的选项，属性栏中将显示相应的选项内容。

- 建立 选区… 蒙版 形状 ：该组按钮用于在创建选区后，将路径转换为选区或者形状等。

- ▣ ▤ ▥ ：该组按钮用于对路径的编辑，包括路径的合并、重叠、对齐方式以及前后顺序等。

- ☑ 自动添加/删除：该复选框用于设置是否自动添加/删除锚点。

【练习 11-1】绘制直线和曲线路径。

（1）打开一幅图像文件，选择工具箱中的钢笔工具 ✎，在其属性栏中选择"路径"选项，然后在图像中单击鼠标左键作为路径起点，如图 11-6 所示。

（2）拖动鼠标指针到该线段的终点处单击，得到一条直线段，如图 11-7 所示。

图 11-6　单击鼠标作为起点

图 11-7　再次单击鼠标

（3）移动鼠标指针在另一个适合的位置单击，即可继续绘制路径，得到折线路径，如图 11-8 所示。

（4）将鼠标指针移动到适当的位置，按住鼠标并拖动可以创建带有控制手柄的平滑锚点，通过鼠标拖动的方向和距离可以设置方向线的方向，如图 11-9 所示。

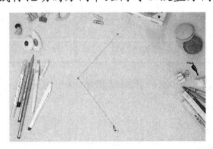
图 11-8　继续绘制路径

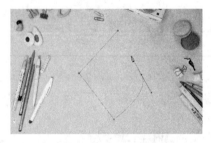
图 11-9　按住鼠标拖动

（5）按住 Alt 键单击控制柄中间的节点，可以减去一端的控制柄，如图 11-10 所示。

（6）移动鼠标指针，在绘制曲线的过程中按住 Alt 键的同时拖动鼠标，即可将平滑点变为角点，如图 11-11 所示。

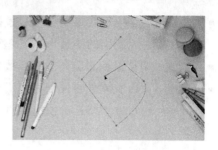

图 11-10　删除控制柄　　　　　　　　　图 11-11　平滑点变为角点

(7) 使用相同的方法绘制曲线，绘制完成后，将光标移动到路径线的起始点，当光标变成 形状时，单击鼠标，即可完成封闭的曲线型路径的绘制，如图 11-12 所示。

图 11-12　闭合路径

注意：

在 Photoshop 中绘制直线段路径时，按住 Shift 键可以绘制出水平、垂直和 45° 方向上的直线路径。

11.2.2　自由钢笔工具

使用自由钢笔工具可以在画面中随意绘制路径，就像使用铅笔在纸上绘图一样。在绘制过程中，自由钢笔工具将自动添加锚点，完成后还可以对路径做进一步的完善。

选择自由钢笔工具，在画面中按住鼠标左键进行拖动，即可绘制路径，如图 11-13 所示。在属性栏中选择"磁性的"选项，可以切换为磁性钢笔工具，单击属性栏中的 按钮，在弹出的如图 11-14 所示的面板中可以设置"曲线拟合"以及磁性"宽度"、"对比"、"频率"等参数，然后在图像中绘制路径，此时将沿图像颜色的边界创建路径，如图 11-15 所示。

图 11-13　绘制路径　　　　　图 11-14　设置参数　　　　图 11-15　绘制磁性路径

- 曲线拟合：可设置最近路径对鼠标移动轨迹的相似程度，数值越小，路径上的锚点就越多，绘制出的路径形态就越精确。
- 宽度：调整路径的选择范围，数值越大，选择的范围就越大。
- 对比：可以设置"磁性钢笔"工具对图像中边缘的灵敏度。
- 频率：可以设置路径上使用锚点的数量，数值越大，在绘制路径时产生的锚点就越多。

11.2.3　添加锚点工具

选择工具箱中的添加锚点工具 ，可以直接在已绘制的路径中添加单个或多个锚点。当选择钢笔工具时，将光标放到路径上，光标将变为 形状，如图 11-16 所示，在该路径中单击，同样可以添加一个锚点，拖动控制手柄可以编辑曲线，如图 11-17 所示。

图 11-16　放置光标　　　　　　　　　　图 11-17　添加锚点

11.2.4　删除锚点工具

选择工具箱中的删除锚点工具 ，可以直接在路径中单击锚点将其删除。当选择钢笔工具时，将光标放到锚点上，光标将变为 形状，如图 11-18 所示，单击即可删除锚点，如图 11-19 所示。

图 11-18　放置光标　　　　　　　　　　图 11-19　删除锚点

11.2.5　转换点工具

选择工具箱中的转换点工具 ，可以通过转换路径中的锚点类型来调整路径弧度。当锚点为折线角点时，使用转换点工具拖动角点，可以将其转换为平滑点，如图 11-20 所示；当锚点为平滑点时，拖动平滑点可以将其转换为角点，如图 11-21 所示。

图 11-20　转换为平滑点

图 11-21　转换为角点

11.3　编辑路径

当用户在创建完路径后，有时不能达到理想状态，这时就需要对其进行编辑。路径的编辑主要包括复制与删除路径、路径与选区的互换、填充和描边路径以及在路径中输入文字等。

11.3.1　复制路径

在 Photoshop 中绘制一段路径后，如果还需要一条或多条相同的路径，那么可以将路径进行复制；如果有多余的路径，可以将其删除。

【练习 11-2】在面板中复制已有路径。

(1) 选择"窗口"|"路径"命令，打开"路径"面板，选择需要复制的路径，如路径 1，如图 11-22 所示。

(2) 在路径 1 中单击鼠标右键，在弹出的菜单中选择"复制路径"命令，如图 11-23 所示。

图 11-22　选择路径

图 11-23　选择命令

注意：

如果在"路径"面板中的路径为工作路径，在复制前需要将其拖动到"创建新路径"按钮 上，将其转换为普通路径。然后将转换后的路径再次拖动到"创建新路径"按钮上，即可对其进行复制。

(3) 在打开的"复制路径"对话框中对路径进行命名，如图 11-24 所示。

(4) 单击"确定"按钮，即可得到复制的路径，如图 11-25 所示。

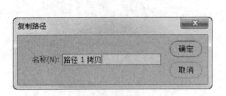

图 11-24　为路径命名　　　　　　　　　　　图 11-25　复制的路径

(5) 选择路径 2，将其拖动到"路径"面板下方的"创建新路径"按钮上，如图 11-26 所示，也可以得到复制的路径，如图 11-27 所示。

图 11-26　选择路径拖动　　　　　　　　　　图 11-27　复制的路径

11.3.2　删除路径

删除路径的方法和复制路径相似，可以通过以下几种方法来完成。

- 选择需要删除的路径，单击"路径"面板底部的"删除当前路径"按钮 🗑，在打开的提示对话框中选择"是"即可，如图 11-28 所示。
- 选择需要删除的路径，将其拖动到"路径"面板底部的"删除当前路径"按钮 🗑 上即可。
- 选择需要删除的路径，单击鼠标右键，在弹出的快捷菜单中选择"删除路径"命令即可。

图 11-28　提示对话框

注意：

与重命名图层名称一样，对路径也可以做重命名操作。选择需要重命名的路径，双击该路径名称，然后输入新的路名称即可。

11.3.3 将路径转换为选区

在 Photoshop 中，用户可以将路径转换为选区，也可以将选区转换为路径，从而方便了用户的绘图操作。

将路径转换为选区有以下几种方式。

- 在路径中单击鼠标右键，在弹出的菜单中选择"建立选区"命令，如图 11-29 所示，即可打开"建立选区"对话框，保持对话框中的默认状态，单击"确定"按钮，即可将路径转换为选区，如图 11-30 所示。

图 11-29 选择命令

图 11-30 "建立选区"对话框

- 单击"路径"面板右上方的三角形按钮，在弹出的菜单中选择"建立选区"命令，保持默认设置后单击"确定"按钮即可将路径转换为选区。
- 选择路径，按 Ctrl+Enter 组合键可以快速地将路径转换为选区。
- 按住 Ctrl 键单击"路径"面板中的路径缩览图，即可将路径转换为选区。
- 选择路径，单击"路径"面板底部的"将路径作为选区载入"按钮，即可将路径转换为选区。

注意：

如果要将选区转换为路径，单击"路径"面板下方的"从选区生成工作路径"按钮，可以快速将选区转换为路径。

11.3.4 填充路径

用户绘制好路径后，可以为路径填充颜色。路径的填充与图像选区的填充相似，用户可以将颜色或图案填充到路径内部的区域。

【练习 11-3】在路径中填充图案。

(1) 绘制一条封闭的路径，选择路径对象，然后在路径中单击鼠标右键，在弹出的菜单中选择"填充路径"命令，如图 11-31 所示。

(2) 在打开的"填充路径"对话框中可以设置用于填充的颜色和图案样式，如在"内容"下拉列表中选择"图案"选项，然后选择一个图案样式，如图 11-32 所示。

(3) 单击"确定"按钮，即可将选择的图案填充到路径中，如图 11-33 所示。

图 11-31　选择命令

图 11-32　选择图案样式

图 11-33　填充图案

"填充路径"对话框中各选项的作用如下。

- 内容：在下拉列表中可以选择填充路径的方法。
- 模式：在该下拉列表框中可以选择填充内容的各种效果。
- 不透明度：用于设置填充图像的透明度效果。
- 保留透明区域：该复选框只有在对图层进行填充时才起作用。
- 羽化半径：设置填充后的羽化效果，数值越大，羽化效果越明显。

11.3.5　描边路径

描边路径就是沿着路径的轨迹绘制或修饰图像，在"路径"面板中单击"用画笔描边路径"按钮 ○ ，可以快速为路径描边。或者在"路径"面板中选择路径，然后单击鼠标右键，在弹出的快捷菜单中选择"描边路径"命令。

【练习 11-4】对路径进行描边。

(1) 选择画笔工具，在工具箱中设置用于描边的前景色，在属性栏中设置画笔大小、不透明度和笔尖形状等各项参数，如图 11-34 所示。

图 11-34　设置画笔工具属性栏

(2) 在"路径"面板中选择需要描边的路径，单击鼠标右键，在弹出的快捷菜单中选择"描边路径"命令，如图 11-35 所示。

(3) 打开"描边路径"对话框，在"工具"下拉列表中选择"画笔"选项，如图 11-36 所示。

图 11-35　选择命令

图 11-36　选择"画笔"选项

(4) 单击 "确定" 按钮回到画面中，可以得到图像的描边效果，路径描边前后的效果对比如图 11-37 和图 11-38 所示。

图 11-37　原路径效果

图 11-38　路径描边效果

11.4　绘制和编辑形状

为了方便用户绘制各种形状图形，Photoshop 还提供了一些基本的图形绘制工具。形状工具组由 6 种形状工具组成，通过它们不仅可以绘制矩形、椭圆形、多边形、直线等规则的几何形状，而且还可以绘制自定义的形状。

11.4.1　矩形工具

使用矩形工具可以绘制出矩形或者正方形的矢量图形。使用矩形工具绘制形状的具体操作方式如下。

【练习 11-5】绘制多个矩形图形。

(1) 打开 "素材\第 11 章\空白台历.jpg" 图像，选择矩形工具 ▭ 在画面中按住并拖动鼠标即可绘制出矩形，如图 11-39 所示。

(2) 单击属性栏中的 ⚙ 按钮，将打开 "矩形选项" 面板，如图 11-40 所示，可以在该面板中对矩形工具进行设置。

图 11-39　绘制矩形

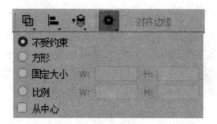
图 11-40　设置面板

(3) 选择"不受约束"选项可绘制尺寸不受限制的矩形，此为默认选项；选择"方形"选项将绘制正方形，如图 11-41 所示。

(4) 选择"固定大小"选项，可以在 W 和 H 文本框中输入数值，然后在画面中单击，即可绘制出固定尺寸的矩形图像，如图 11-42 所示。

(5) 选择"比例"选项可以在 W 和 H 文本框中输入数值，绘制出固定宽、高比的矩形，如图 11-43 所示。

(6) 选择"从中心"选项可以在绘制矩形时从图形的中心开始绘制，选择"对齐像素"选项，可以在绘制矩形时使边靠近像素边缘。

 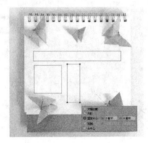 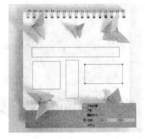

图 11-41　绘制正方形　　　　图 11-42　绘制固定大小矩形　　　　图 11-43　选择"比例"选项

11.4.2　圆角矩形工具

使用圆角矩形工具可以很方便地绘制出圆角矩形。其工具属性栏与矩形工具基本相同，只是多了一个"半径"选项，用于设置所绘制矩形的四角的圆弧半径，输入的数值越小，四个角越尖锐，反之则越圆滑。

选择圆角矩形工具 ，在工具属性栏中设置"半径"参数，可以自定义圆角程度，在图像窗口中按下鼠标进行拖动，即可按指定的半径值绘制出圆角矩形效果，如图 11-44 所示。

11.4.3　椭圆工具

绘制椭圆形的方法与绘制矩形的方法一样，选择工具箱中的椭圆工具 ，在图像窗口中按住鼠标进行拖动，即可绘制出椭圆形或者正圆形图形，如图 11-45 所示。

图 11-44　绘制圆角形　　　　　　　　　　图 11-45　绘制椭圆形和正圆形

11.4.4　多边形工具

使用多边形工具 可以在图像窗口中绘制多边形和星形。使用多边形工具绘制形状的具体操作方式如下。

【练习11-6】绘制多边形图形。

(1) 选择多边形工具后，在其属性栏中设置多边形的"边"为6，然后在图像窗口中按住鼠标拖动，即可绘制出一个六边形，如图 11-46 所示。

(2) 单击属性栏中的 按钮，打开设置面板，在其中可以设置多边形选项，如图 11-47 所示，选择"星形"选项，可以绘制出星形图形，如图 11-48 所示。

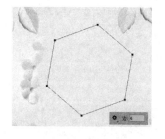
图 11-46　设置多边形边数

图 11-47　设置选项

图 11-48　绘制星形

(3) 选中"平滑拐角"复选框，可以绘制出角点圆滑的多边形，如图 11-49 所示。

(4) 设置"缩进边依据"选项，可以设置产生星形边的缩进程度，如设置参数为 80%，绘制出的图像效果如图 11-50 所示。

(5) 选中"平滑缩进"复选框，可以设置星形缩进的边角为圆弧形，如图 11-51 所示。

图 11-49　绘制平滑拐角图形

图 11-50　缩进边效果

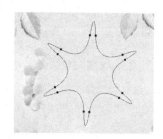
图 11-51　平滑缩进效果

11.4.5　直线工具

使用直线工具 可以在图像窗口中绘制直线或者箭头图形。使用直线工具绘制图形的具体操作方法如下。

【练习11-7】绘制各种箭头图形。

(1) 选择直线工具 ，在其属性栏中设置粗细为20，按住鼠标左键在图像中拖动，即可绘制出直线，如图 11-52 所示。

(2) 单击属性栏中的 按钮，在打开的直线工具设置面板中可以设置直线的箭头样式，如图 11-53 所示。

(3) 在直线工具设置面板中选中"起点"复选框，再设置宽度、长度和凹度等参数，可以在绘制线条时为线段的起点添加箭头，效果如图 11-54 所示。

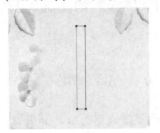

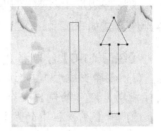

图 11-52　绘制直线　　　　　图 11-53　设置属性　　　　　图 11-54　绘制箭头

(4) 选中"终点"复选框，可以在绘制线段结束时添加箭头效果，如图 11-55 所示。如果起点和终点选项都选中，则线段两头都有箭头，如图 11-56 所示。

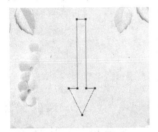
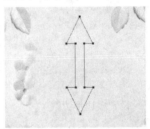

图 11-55　选中"终点"　　　　　　　　　图 11-56　双向箭头

(5)"宽度"选项可以设置箭头宽度和线段宽度的比值，数值越大，箭头越宽，如图 11-57 所示。

(6)"长度"选项可以设置箭头长度和线段宽度的比值，数值越大，箭头越长，如图 11-58 所示。

(7)"凹度"可以设置箭头凹陷度的比率值，数值为正时箭头尾端向内凹陷，数值为负时箭头尾端向外凸出，数值为 0 时箭头尾端平齐，如图 11-59 所示。

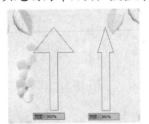
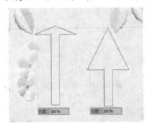
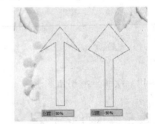

图 11-57　"宽度"选项　　　　图 11-58　"长度"选项　　　　图 11-59　"凹度"选项

11.4.6　编辑形状

为了更好地使用创建的形状对象，在创建好形状图层后可以对其进行再编辑，例如改变其形状、重新设置其颜色，或者将其转换为普通图层等。

1. 改变形状图层的颜色

选择钢笔或形状工具后，在属性栏中选择"形状"选项，这时绘制图形，即可自动在"图层"面板中创建一个形状图层，并在图层缩略图中显示矢量蒙版缩略图，该矢量蒙版缩略图会显示所绘制的形状、颜色，并在缩略图右下角显示形状图标，如图 11-60 所示，双击该图标，可以在打开的"拾色器(纯色)"对话框中为形状修改颜色，如图 11-61 所示。

图 11-60　形状图层

图 11-61　修改颜色

2. 栅格化形状图层

由于形状图层具有矢量特征，使得用户在该图层中无法使用对像素进行处理的各种工具，如画笔工具、渐变工具、加深工具、模糊工具等。因此，要对形状图层中的图像进行处理，首先就需要将形状图层转换为普通图层。

在"图层"面板中用鼠标右键单击形状图层右侧的空白处，然后在弹出的快捷菜单中选择"栅格化图层"命令，如图 11-62 所示，即可将形状图层转换为普通图层，此时，形状图层右下角的形状图标将消失，如图 11-63 所示。

图 11-62　选择命令

图 11-63　转换为普通图层

11.4.7　自定义形状

在 Photoshop 中可以使用自定义形状工具绘制图形，自定形状工具用于绘制一些不规则的形状图形。

【练习 11-8】绘制自定义形状。

(1) 选择工具箱中的自定义形状工具，单击属性栏中"形状"右侧的三角形按钮，即可打开"自定义形状"面板，如图 11-64 所示。

(2) 选择一种图形，将鼠标指针移动到图像窗口中按住鼠标进行拖动，即可绘制出一个矢量图形，如图 11-65 所示。

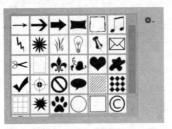

图 11-64 "自定义形状"面板

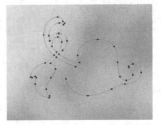

图 11-65 绘制图形

(3) 单击面板右上方的三角形按钮，弹出如图 11-66 所示的菜单，在其中可以选择"复位形状"、"载入形状"、"存储形状"和"替换形状"等命令。

(4) 选择"全部"命令，即可弹出如图 11-67 所示的对话框，单击"追加"按钮即可将所有图形都添加到面板中，如图 11-68 所示。

图 11-66 选择命令　　　　图 11-67 提示对话框　　　　图 11-68 全部图形

注意：

当用户绘制好一个新的图形后，可以选择"编辑"|"定义自定形状"命令，打开"形状名称"对话框，在其中输入名称即可将该图形自动添加到"自定义形状"面板中，以便以后使用。

11.4.8 课堂案例——制作促销图标

本实例将制作一个网购时常见的促销图标，主要练习钢笔工具的运用，实例效果如图 11-69 所示。

图 11-69 实例效果

实例分析

本实例首先使用钢笔工具绘制出背景图像中的对比色，然后使用椭圆工具绘制出蓝色圆形，以及其中的虚线符号，再通过钢笔工具，绘制出闹钟的耳朵、脚等多个图形，让画面既有卡通效果，又能起到醒目的广告宣传意义。

操作步骤

(1) 新建一个图像文件，设置前景色为红色(R220,G42,B59)，按 Alt+Delete 组合键填充背景，如图 11-70 所示。

(2) 设置前景色为黄色(R245,G195,B0)，选择钢笔工具，在属性栏左侧选择"形状"样式，然后在画面右侧绘制一个四边形，得到黄色图像，这时"图层"面板中将自动生成一个形状图层，如图 11-71 所示。

(3) 新建一个图层，设置前景色为蓝色(R43,G143,B236)，选择工具箱中的椭圆工具 ，在属性栏左侧选择"像素"样式，按住 Shift 键绘制一个正圆形选区，并使用移动工具将其放到画面中间，如图 11-72 所示。

图 11-70　填充背景颜色　　　　图 11-71　绘制黄色形状　　　　图 11-72　绘制正圆形

(4) 选择钢笔工具，在属性栏左侧选择"路径"样式，然后在圆形图像中绘制一个多边形，如图 11-73 所示。

(5) 按 Ctrl+Enter 组合键将路径转换为选区，填充为较深一些的蓝色(R21,G117,B206)，如图 11-74 所示。

(6) 使用相同的方式，在圆形图像中绘制出其他几个多边形，分别填充为相近的深蓝色，如图 11-75 所示。

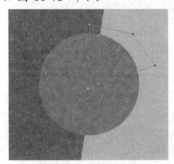
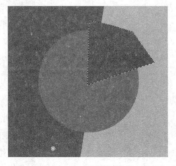
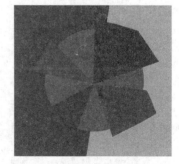

图 11-73　绘制形状　　　　　　图 11-74　填充颜色　　　　　　图 11-75　绘制其他图形

(7) 选择"图层"|"创建剪贴蒙版"命令，将多边形与下方的圆形图像进行剪贴，得到的图像效果如图 11-76 所示。

(8) 选择椭圆工具，在属性栏左侧选择"路径"样式，在圆形图像中再绘制一个正圆形，绘制的比蓝色圆形略小，如图 11-77 所示。

(9) 选择横排文字工具，将光标移动至圆形路径上，当光标变为 状态时单击鼠标，输入符号"—"，并填充为白色，得到虚线图像，如图 11-78 所示。

图 11-76　剪贴蒙版图层　　　　　图 11-77　绘制圆形　　　　　图 11-78　输入虚线

(10) 新建一个图层，选择钢笔工具，绘制出闹钟的耳朵图形，如图 11-79 所示。

(11) 单击"路径"面板底部的"将路径作为选区载入"按钮 ，然后填充选区为白色，如图 11-80 所示。

(12) 分别使用钢笔工具绘制另一只耳朵和脚，以及其他白色图像，如图 11-81 所示。

图 11-79　绘制图形　　　　　图 11-80　填充选区　　　　　图 11-81　绘制其他图像

(13) 使用钢笔工具在蓝色图像上方绘制一个箭头图形，如图 11-82 所示，将路径转换为选区后填充为白色，如图 11-83 所示。

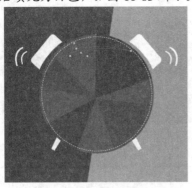 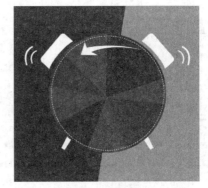

图 11-82　绘制箭头　　　　　　　　　　图 11-83　填充图形

(14) 选择"图层"|"图层样式"|"投影"命令，打开"图层样式"对话框，设置投影

颜色为黑色，其他参数设置如图 11-84 所示。

（15）单击"确定"按钮，得到的投影效果如图 11-85 所示。

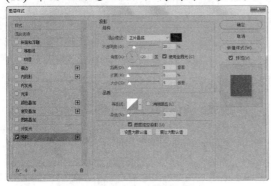

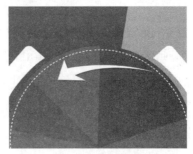

图 11-84　设置投影颜色　　　　　　　　　图 11-85　投影效果

（16）按 Ctrl+J 组合键复制一次箭头图形，并将其水平翻转，调整大小后放到蓝色圆形下方，如图 11-86 所示。

（17）新建一个图层，选择钢笔工具在蓝色圆形上方绘制一个图形，将其填充为红色（R227,G17,B58），如图 11-87 所示。

（18）同样对其添加投影样式，得到的效果如图 11-88 所示。

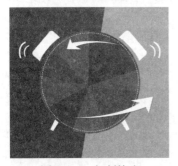

图 11-86　复制箭头　　　　　图 11-87　绘制红色图形　　　　　图 11-88　添加投影

（19）选择横排文字工具，在红色图形中输入文字，在属性栏中设置字体为黑体，填充为白色，然后适当旋转文字，如图 11-89 所示。

（20）打开"素材/第 11 章/文字.psd"图像，使用移动工具将其拖动到当前编辑的图像中，并放在蓝色圆形内，完成本实例的制作，如图 11-90 所示。

图 11-89　输入文字　　　　　　　　　　图 11-90　添加图像

11.5 思考练习

1. 在 Photoshop 中绘制路径通常使用下列哪种工具_____。

A. 画笔   B. 铅笔   C. 钢笔   D. 吸管

2. 路径主要由_____构成。

A. 直线、曲线以及控制手柄

B. 锚点、线段以及控制手柄

C. 圆点、直线以及曲线

D. 圆点、线段以及控制手柄

3. 按住_____键单击路径中的控制柄中间的节点，可以减去一端的控制柄。

A. Ctrl   B. Shift   C. Alt   D. Tab

4. 路径中的锚点是什么，有什么作用？

5. 将路径转换为选区有哪几种方式？

6. 如何对路径进行描边？

7. 如何使用自定义形状工具绘制图形？

第12章

创建与应用文字

文字是平面作品中重要的信息表现元素，可以直接表述画面中的图像含义及所表达的内容，还可以丰富画面的效果。本章将对 Photoshop 文字的创建和运用方法进行详细讲解。

12.1 认识文字工具

在图像中输入文字前,首先需要选择工具箱中的文字工具。单击工具箱中的 T 工具不放,将显示文字下拉列表工具组,如图 12-1 所示。

图 12-1　文字工具组

Photoshop 中各个文字工具的作用如下。

- 横排文字工具 T:可在图像文件中创建水平文字,同时在"图层"面板中建立新的文字图层。
- 直排文字工具 IT:可在图像文件中创建垂直文字,同时在"图层"面板中建立新的文字图层。
- 直排文字蒙版工具 IT:可在图像文件中创建垂直文字形状的选区,但不创建新图层。
- 横排文字蒙版工具 T:可在图像文件中创建水平文字形状的选区,但不创建新图层。

12.2 输入文字

在 Photoshop 中,可以输入点文字和段落文字两种内容。其中的点文字主要用于文字内容较少的文本信息;段落文字主要用于文字内容较多的段落文本信息。

12.2.1 输入横排点文字

创建横排点文字可以使用横排文字工具 T。选择横排文字工具后,其属性栏如图 12-2 所示。

图 12-2　横排文字工具属性栏

横排文字工具属性栏中各选项的作用如下。

- 切换文本取向 ⿰:单击该按钮可以在文字的水平排列和垂直排列之间进行切换。
- 字体 Adobe 黑体 Std:在该下拉列表框中可选择输入字体的样式。
- 字号 T 8.64点:单击右侧的下拉按钮,在下拉列表中可以选择文字的大小,也可以直接输入文字的大小。
- aa 锐利:在其下拉列表框中可以设置消除锯齿的方法。

- 对齐文本 ▦▦▦：这 3 个按钮分别用于设置文本的左对齐、居中对齐和右对齐 3 种方式。当文字切换为垂直排列时，这 3 个按钮分别变成设置文本的顶对齐、居中对齐和底对齐按钮 ▦▦▦。

- 文本颜色 ▬：单击该按钮可以打开"拾色器(文本颜色)"对话框，用于设置文字的颜色。

- 创建变形文字 ▦：单击该按钮，可以打开"变形文字"对话框，用于设置变形文字的样式和扭曲程度。

- 切换字符和段落面板 ▦：单击该按钮可以切换到"字符/段落"面板，用于设置文字的字符和段落格式。

【练习 12-1】在图像中输入横排点文字。

(1) 打开"素材\第 12 章\大海.jpg"图像文件，如图 12-3 所示。

(2) 选择工具箱中的横排文字工具 ▦，在天空中单击鼠标，这时在"图层"面板中将添加一个文字图层，如图 12-4 所示。

图 12-3　图像文件

图 12-4　添加文字图层

(3) 在图像中出现闪烁的光标时，即可在光标位置输入文字内容，如图 12-5 所示。

(4) 拖动光标选中输入的文字，在属性栏中设置文字的字体和大小，如图 12-6 所示，然后单击属性栏中的 ✓ 按钮，或者选择其他工具按钮，完成横排点文字的创建。

图 12-5　输入文字

图 12-6　设置文字字体和大小

注意：

在第一次启动 Photoshop 应用程序后，在创建文字时，会采用前景色作为当前文字的默认颜色，在下一次创建文字时，便会采用上次所使用的文字颜色来作为当前文字的默认颜色。

用户可以在输入文字后，通过属性栏中的"文本颜色"按钮■■重新设置文字颜色。

12.2.2　输入直排点文字

使用直排文字工具IT可以在图像中沿垂直方向输入文本，也可输入垂直向下显示的段落文本。单击工具箱中的直排文字工具IT，在图像中单击鼠标，在单击处会出现闪烁的横线光标，如图 12-7 所示，然后输入需要的文字即可，如图 12-8 所示。

图 12-7　横线光标

图 12-8　输入直排文字

12.2.3　输入段落文本

段落文本创建在段落文本框内，文字可以根据外框的尺寸在段落中自动换行。创建段落文字后，可以按住 Ctrl 键拖动段落文本框的任何一个控制点，在调整段落文本框大小的同时缩放文字。

【练习 12-2】在图像中输入段落文本。

(1) 新建一个空白文档，然后选择一个文本工具，将光标移动到图像文件中进行拖动，创建出一个段落文本框，如图 12-9 所示。

(2) 在段落文本框内输入文字，在段落文本框中，输入的文字到了文本框的下边缘位置处，文字会自动换行，如图 12-10 所示。

平面构成是视觉元素在二
次元的平面上，按照美的
视觉效果，力学的原理，
进行编排和组合。

图 12-9　创建文本框　　　　　　　　图 12-10　输入文字

(3) 将光标放在文本框边角的控制点上，当光标变成双向箭头↖时，可以方便地调整段落文本框的大小，如图 12-11 所示。

(4) 当光标变成双向旋转箭头↺时，按住鼠标进行拖动，可旋转段落文本框，如图 12-12 所示。

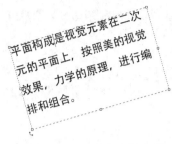

平面构成是视觉元素在二次
元的平面上，按照美的视觉
效果，力学的原理，进行编
排和组合。

图 12-11　调整文本框大小　　　　　　图 12-12　调整文本框方向

12.2.4　输入选区文字

在 Photoshop 中输入蒙版文字，可以创建文字选区。选择工具箱中的文字蒙版工具，在图像中单击鼠标，即可进入蒙版状态，然后输入文字内容，如图 12-13 所示，输入文字后，单击属性栏中的确认按钮 ✓，或单击其他工具按钮，即可完成蒙版文字的创建，形成文字的选区，如图 12-14 所示。

图 12-13　输入蒙版文字　　　　　　　图 12-14　形成文字选区

注意：

使用横排和直排文字蒙版工具创建的文字选区，可以在文字选区内填充颜色，但是它已经不是文字属性，不能再改变其字体样式，只能像编辑选区一样进行处理。

12.2.5　输入路径文字

在 Photoshop 中，用户可以沿钢笔工具或形状工具创建的工作路径输入文字，使文字产生特殊的排列效果。在路径上输入文字后，用户还可以对路径进行编辑和调整，在改变路径线的形状后，文字也会随之发生改变。

【练习 12-3】沿着路径输入文字。

(1) 打开一幅图像文件，然后选择钢笔工具在图像中绘制一条曲线路径，如图 12-15 所示。

(2) 选择横排文字工具，将光标移动到路径上，当光标变成 形状时单击鼠标，即可沿着路径输入文字，如图 12-16 所示。

图 12-15　绘制曲线路径　　　　　　　　　　　　　图 12-16　输入文字

　　(3) 选择"窗口"|"字符"命令，打开"字符"面板，适当设置基线偏移值，可以改变文字偏移路径的效果，如图 12-17 所示。

　　(4) 选择直接选择工具，然后适当调整路径的形状，路径上的文字也将随着发生变化，如图 12-18 所示。

图 12-17　调整偏移路径效果　　　　　　　　　　　图 12-18　调整路径效果

注意：

　　在输入文字后，如果文字未被完全显示出来，可以在按下 Ctrl 键的同时，将光标移动到显示的末尾文字上，当光标变为形状时拖动文字尾部，直到显示所有的文字为止。

12.3　设置文字属性

　　在图像中输入文字后，可以在"字符"或"段落"面板中对文字的属性进行设置，包括调整文字的颜色、大小、字体、对齐方式和字符缩进等。

12.3.1　设置字符属性

　　字符属性可以在文字属性栏和"字符"面板中进行设置，在"字符"面板中除了可以设置文字的字体、字号、样式和颜色外，还可以设置字符间距、垂直缩放、水平缩放、加粗、下划线、上标等。

　　选择"窗口"|"字符"命令，或者单击文字属性栏中的"切换字符和段落面板"按钮，即可打开"字符"面板，如图 12-19 所示。

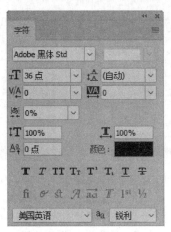

图 12-19　"字符"面板

"字符"面板中主要选项的作用如下。

- 选择字体 Adobe 黑体 Std ：单击右侧的三角形按钮，可在下拉列表中选择字体。
- 设置字体大小 T 36 点 ：用于设置字符的大小。
- 设置行距 (自动) ：用于设置文本行间距，值越大，间距越大。如果数值小到超过一定范围，文本行与行之间将重合在一起，在应用该选项前应先选择至少两行的文本。
- 设置两个字符间的间距微调 V/A 0 ：用于对文字间距进行细微的调整。设置该项只需将文字输入光标移到需要设置的位置即可。
- 设置所选字符的字距调整 0 ：用于设置字符之间的距离，数值越大，文本间距越大。
- 设置所选字符的比例间距 0% ：根据文本的比例大小来设置文字的间距。
- 垂直缩放 T 100% ：用于设置文本在垂直方向上的缩放比例。
- 水平缩放 T 100% ：用于设置文本在水平方向上的缩放比例。
- 设置基线偏移 0 点 ：用于设置选择文本的偏移量，当文本为横排输入状态时，输入正数时往上移，输入负数时往下移；当文本为竖排输入状态时，输入正数时往右移，输入负数时往左移。
- 设置文本颜色 ：单击该颜色块，可在打开的对话框中重新设置字体的颜色。
- 字体样式 T T TT Tr T' T, T ：这些按钮依次用于对文字进行仿粗体、仿斜体、全部大写字母、小型大写字母、上标、下标、下划线和删除线等设置。

【练习 12-4】设置文字的字符属性。

(1) 打开一幅图像，设置前景色为黑色，在图像中输入横排文字，如图 12-20 所示。

(2) 将光标插入到最后一个文字的后方，然后按住鼠标左键向左方拖动，选择所有文字，如图 12-21 所示。

图 12-20　输入文字　　　　　　　　　　图 12-21　选择文字

(3) 在文字属性栏设置文字的字体为行楷体、大小为 100，如图 12-22 所示。

(4) 打开"字符"面板，设置文字的字符间距为 100，如图 12-23 所示。

图 12-22　设置文字属性　　　　　　　　图 12-23　设置字符间距

(5) 单击"颜色"选项右侧的色块，打开"拾色器(文本颜色)"对话框，然后选择一种颜色(如白色)作为文字颜色，如图 12-24 所示，单击"确定"按钮，即可改变文字的颜色，如图 12-25 所示。

图 12-24　选择颜色　　　　　　　　　　图 12-25　设置文字颜色

(6) 拖动光标选择"光影"两字，然后在"字符"面板中设置基线偏移为 50 点，得到的图像效果如图 12-26 所示。

(7) 依次按下"字符"面板中的"仿粗体"▇、"仿斜体"▇和"下划线"▇按钮，设置完成后，得到的文字效果如图 12-27 所示。

图 12-26 文字偏移效果

图 12-27 文字样式效果

12.3.2 设置段落属性

创建段落文本后，用户可以在"段落"面板中设置段落文本的对齐和缩进方式。选择"窗口"｜"段落"命令，或者单击文字属性栏中的"切换字符和段落面板"按钮，打开"段落"面板，如图 12-28 所示。

图 12-28 "段落"面板

"段落"面板中主要选项的作用如下。

- 对齐方式 ：这些按钮用于设置文本的对齐方式。这些按钮依次为左对齐文本、居中对齐文本、右对齐文本、最后一行左对齐、最后一行居中对齐、最后一行右对齐和全部对齐。
- 左缩进 ：用于设置段落文字由左边向右缩进的距离。对于直排文字，该选项用于控制文本从段落顶端向底部缩进。
- 右缩进 ：用于设置段落文字由右边向左缩进的距离。对于直排文字，该选项则控制文本由段落底部向顶端缩进。
- 首行缩进 ：用于设置文本首行缩进的空白距离。
- 段前添加空格 ：用于设置段前的距离。
- 段后添加空格 ：用于设置段后的距离。

【练习 12-5】设置文字的段落属性。

(1) 打开一幅图像，在图像中创建一个段落文本，如图 12-29 所示。

(2) 在文字属性栏中设置文字的字体为标宋体、大小为 48，效果如图 12-30 所示。

图 12-29　创建段落文字

图 12-30　设置文字属性

(3) 打开"段落"面板，设置左缩进和右缩进为 20、首行缩进为 96，如图 12-31 所示，得到的文字缩进效果如图 12-32 所示。

图 12-31　设置字符缩进

图 12-32　字符缩进效果

(4) 单击"居中对齐文本"按钮▇，将段落文本居中对齐，效果如图 12-33 所示。

(5) 单击"全部对齐"按钮▇，可以将段落文本两端对齐，效果如图 12-34 所示。

图 12-33　居中对齐文本

图 12-34　全部对齐文本

12.3.3　编辑变形文字

单击文字属性栏中的"创建文字变形"按钮▇，打开"变形文字"对话框，可以通过其中提供的变形样式创作艺术字体，如图 12-35 所示。

"变形文字"对话框中各选项的作用如下。

- 样式：在右方下拉列表中提供了 15 种变形样式供用户选择，如图 12-36 所示。
- 水平：设置文本沿水平方向进行变形，系统默认为沿水平方向变形。
- 垂直：设置文本沿垂直方向进行变形。
- 弯曲：设置文本弯曲的程度，当值为 0 时表示没有任何弯曲。
- 水平扭曲：设置文本在水平方向上的扭曲程度。
- 垂直扭曲：设置文本在垂直方向上的扭曲程度。

图 12-35 "变形文字"对话框　　　　　　图 12-36 15 种变形样式

【练习 12-6】创建扇形文字效果。

(1) 打开一幅图像文件，选择横排文字工具，在图像中输入文字，如图 12-37 所示。

(2) 在属性栏中单击"创建变形文字"按钮，打开"变形文字"对话框，单击样式右侧的三角形按钮，在弹出的下拉列表中选择"扇形"样式，然后设置"弯曲"参数，如图 12-38 所示。

(3) 单击"确定"按钮返回到画面中，文字即可变成拱形效果，如图 12-39 所示。

图 12-37 输入文字　　　　　图 12-38 设置变形参数　　　　　图 12-39 变形文字

12.4 文字转换和栅格化

创建文字后，用户可以将文字转换为路径，或对文字进行栅格化，以便对其进行更多的编辑处理。

12.4.1 文字转换为路径

用户在 Photoshop 中输入文字后，可以将文字转换为路径。将文字转换为路径后，就可以像操作任何其他路径那样存储和编辑该路径，同时还能保持原文字图层不变。

【练习 12-7】将文字转换为路径。

(1) 打开一幅图像文件，选择横排文字工具在其中输入文字，如图 12-40 所示。

(2) 选择"文字"|"创建工作路径"命令，即可得到工作路径，隐藏文字图层后，路径效果如图 12-41 所示。

图 12-40　输入文字

图 12-41　创建路径

（3）切换到"路径"面板，可以看到所创建的工作路径，如图 12-42 所示。

（4）使用直接选择工具调整文字路径，在不改变原来的文字的情况下，可以修改文字的路径形状，如图 12-43 所示。

图 12-42　"路径"面板

图 12-43　编辑路径

12.4.2　文字转换为形状

在 Photoshop 中，除了可以将文字转换为路径外，还可以将其转换为图形形状，以便于对文字形状进行修改。

【练习 12-8】将文字转换为形状。

（1）使用横排文字工具在图像中输入文字，如图 12-44 所示，"图层"面板中的文字图层如图 12-45 所示。

图 12-44　输入文字

图 12-45　显示文字图层

（2）选择"文字"|"转换为形状"命令，将文字转换为形状，"图层"面板的效果如图 12-46 所示。

（3）当文字为矢量蒙版选择状态时，使用直接选择工具对文字形状的部分节点进行调整，可以改变文字的形状，如图 12-47 所示。

图 12-46　"图层"面板

图 12-47　显示文字图层

注意：

当文字图层转换为路径和形状后，将不能再对其作为文本进行编辑，但是可以使用编辑路径的相关工具，调整文字的形状、大小、位置和颜色等。

12.4.3　栅格化文字

在图像中输入文字后，不能直接在文字图层进行绘图操作，也不能对文字应用滤镜命令，只有对文字进行栅格化处理后，才能对其进行进一步的编辑。

在"图层"面板中选择文字图层，如图 12-48 所示，然后选择"文字"|"栅格化文字图层"或"图层"|"栅格化"|"文字"命令，即可将文字图层转换为普通图层，将文字图层栅格化后，图层缩览图将发生相应变化，如图 12-49 所示。

图 12-48　文字图层

图 12-49　栅格化文字

注意：

当一幅图像文件中文字图层较多时，合并文字图层或者将文字图层与其他图像图层进行合并，一样可以将文字栅格化。

12.4.4　课堂案例——制作旅游广告

本实例将制作一个旅游公司宣传广告，主要练习文字的输入和编辑，实例效果如图 12-50 所示。

图 12-50   实例效果

实例分析

本实例首先添加旅游地的形象宣传图片，然后在其中绘制图像，输入文字，对文字应用图层样式，制作出特殊文字效果。再添加介绍性文字，在属性栏中设置文字属性并排列文字。

操作步骤

(1) 打开"素材\第 12 章\城市.jpg"，如图 12-51 所示。然后新建一个图像文件，使用移动工具将城市图像拖动到新建图像中，放到画面上方，如图 12-52 所示。

图 12-51   打开素材图像

图 12-52   移动图像

(2) 新建一个图层，选择多边形套索工具，在图像下方绘制一个梯形选区，并填充为蓝色(R24,G151,B208)，如图 12-53 所示。

(3) 新建一个图层，选择椭圆选框工具，按住 Shift 键绘制一个正圆形选区，填充为较深的蓝色(R19,G144,B200)，如图 12-54 所示。

(4) 选择"图层"|"图层样式"|"投影"命令，打开"图层样式"对话框，设置投影颜色为黑色，其他参数设置如图 12-55 所示。

图 12-53 绘制梯形

图 12-54 绘制圆形

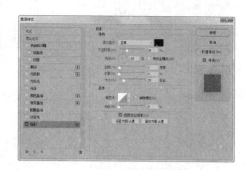

图 12-55 设置投影样式

(5) 单击"确定"按钮，得到圆形投影效果，如图 12-56 所示。

(6) 新建一个图层，选择椭圆选框工具，按住 Shift 键在蓝色圆形中再绘制一个正圆形选区，如图 12-57 所示。

(7) 选择"编辑"|"描边"命令，打开"描边"对话框，设置描边颜色为白色，其他参数设置如图 12-58 所示。

图 12-56 投影效果

图 12-57 绘制圆形选区

图 12-58 设置描边

(8) 单击"确定"按钮，得到选区描边效果，如图 12-59 所示。

(9) 打开"图层样式"对话框，为白色描边圆形添加投影，设置投影为黑色，其他参数设置如图 12-60 所示。

(10) 选择横排文字工具，在画面中单击鼠标插入光标，然后在光标处输入文字"新"，如图 12-61 所示。

(11) 拖动光标选中输入的文字，单击文字属性栏中的"切换字符和段落面板"按钮，打开"字符"面板，设置字体为方正大标宋简体，颜色为白色，再设置文字大小等参数，如图 12-62 所示。

(12) 按下 Enter 键，完成文字属性的设置，并使用移动工具将其放到如图 12-63 所示的位置。

(13) 使用相同的方法，分别输入其他文字，调整不同的大小，参照如图 12-64 所示的方式排列。

图 12-59　描边效果

图 12-60　投影效果

图 12-61　输入文字

图 12-62　设置文字属性

图 12-63　文字效果

图 12-64　输入其他文字

(14) 选择"新"字图层，选择"图层"|"图层样式"|"斜面和浮雕"命令，设置"样式"为"浮雕效果"，其他参数设置如图 12-65 所示。

(15) 选择对话框左侧的"渐变叠加"选项，设置渐变颜色从淡黄色(R238,G236,B182)到橘黄色(R231,G166,B93)，其他参数设置如图 12-66 所示。

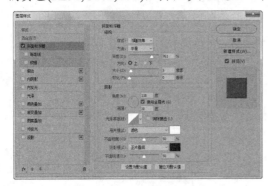

图 12-65　设置浮雕样式

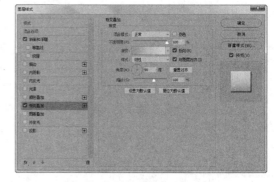

图 12-66　设置渐变叠加样式

(16) 选择"投影"选项，设置"投影"为黑色，其他参数设置如图 12-67 所示。

(17) 单击"确定"按钮，得到添加图层样式的文字效果，如图 12-68 所示。

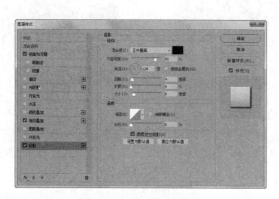

图 12-67　设置投影样式　　　　　　　　　　　　　图 12-68　文字效果

(18) 在"图层"面板中使用鼠标右键单击"新"文字图层，在弹出的菜单中选择"拷贝图层样式"命令，然后分别选择其他文字图层，单击鼠标右键，在弹出的菜单中选择"粘贴图层样式"命令，如图 12-69 所示，得到的文字效果如图 12-70 所示。

(19) 选择横排文字工具，在画面右上方输入公司的中英文名称，并在属性栏中设置字体为方正大标宋体，填充为白色，如图 12-71 所示。

图 12-69　粘贴图层样式　　　　　图 12-70　文字效果　　　　　图 12-71　输入文字

(20) 打开"图层样式"对话框为其添加投影，设置投影颜色为黑色，如图 12-72 所示。

(21) 选择横排文字工具，在画面右下方分别输入日期和其他文字，在属性栏中设置不同粗细的字体，填充为白色，如图 12-73 所示。

(22) 选择日期文字所在图层，打开"图层样式"对话框，为其设置"渐变叠加"样式，颜色从淡黄色(R238,G236,B182)到橘黄色(R231,G166,B93)，效果如图 12-74 所示。

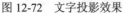

图 12-72　文字投影效果

图 12-73　输入其他文字

图 12-74　为文字添加渐变色

　　(23) 选择圆角矩形工具，在属性栏中设置"形状"样式，"半径"为 50 像素，设置前景色为白色，在画面左下方绘制一个圆角矩形，如图 12-75 所示。

　　(24) 选择横排文字工具在圆角矩形中输入文字，并使用光标选择文字，在属性栏中设置字体为黑体，填充为蓝色(R34,G143,B195)，适当调整文字大小，如图 12-76 所示，完成本实例的制作。

图 12-75　绘制圆角矩形

图 12-76　输入文字

12.5　思考练习

　　1. 使用_____工具可以在图像文件中创建水平文字。

　　A. 横排文字　　　B. 直排文字　　　C. 横排文字蒙版　　D. 直排文字蒙版

　　2. 选择工具箱中的_____工具，可以在图像中创建文字选区。

　　A. 横排文字　　　B. 直排文字　　　C. 文字蒙版　　　　D. 套索

　　3. 字符属性可以在_____中进行设置。

　　A. 文字属性栏和"字符"面板　　　B. 文字属性栏和"段落"面板

　　C. 文字属性栏　　　　　　　　　D. "字符"面板

4. 单击文字属性栏中的_____按钮，打开"变形文字"对话框，可以通过其中提供的变形样式创作艺术字体。

A. 字符　　　　B. 对齐　　　　　C. 文本颜色　　　　　D. 创建文字变形

5. 选择_____命令，可以将文字转换为工作路径。

A. "图层"|"创建工作路径"

B. "文字"|"转换工作路径"

C. "转换"|"工作路径"

D. "文字"|"创建工作路径"

6. 选择_____命令，可以将文字图层转换为普通图层。

A. "文字"|"栅格化"

B. "图层"|"栅格化文字图层"

C. "文字"|"栅格化文字图层"

D. "转换"|"文字图层"

7. 如何在 Photoshop 中创建段落文本？

第13章

应用蒙版与通道

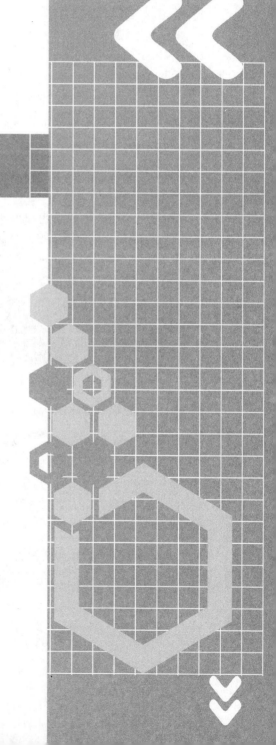

在 Photoshop 中，蒙版和通道是非常重要的功能，使用蒙版可以在不同的图像中做出多种效果，还可以制作出高品质的影像合成；而通道不但可以保存图像的颜色信息，还可以存储选区，以方便用户选择更复杂的图像选区。

13.1 蒙版的概述

蒙版是一种 256 色的灰度图像，它作为 8 位灰度通道存放在图层或通道中，用户可以使用绘图编辑工具对它进行修改。

13.1.1 蒙版的功能

在 Photoshop 中，蒙版是一种遮盖图像的工具，它主要用于合成图像，用户可以用蒙版将部分图像遮住，从而控制画面的显示内容，这样做并不会删除图像，而只是将其隐藏起来，因此，蒙版是一种非破坏性的编辑工具。

Photoshop 中的蒙版通常具有以下几个方面的功能。

1. 无痕迹拼接图像

蒙版是 Photoshop 中的高级功能之一，其最常用的作用就是在图像之间进行无痕迹拼接，如图 13-1 和图 13-2 所示。

图 13-1　两个图层中的图像　　　　　　　　　图 13-2　无痕迹拼接图像

2. 复杂边缘图像抠图

抠图操作是 Photoshop 中常见的操作。在抠图操作中，路径适合做边缘整齐的图像；魔棒工具适合做颜色单一的图像；套索工具适合做边缘清晰一致能够一次完成的图像；通道适合做影调能够区分的图像。但是，对于边缘复杂、边缘清晰度不一样、画面零碎、颜色丰富、影调跨度大的图像，都不适合使用前面所介绍的工具进行抠图，这就需要使用蒙版工具对这类图像进行抠图。

3. 根据图像亮度运用灰蒙版

使用蒙版进行图像遮挡的操作中，通常需要根据图像本身的亮度进行蒙版的遮挡。比如要将某个图像做影调或色调的处理，但是不想将全图作平均处理，只是希望按照图像的亮度关系，让图像中越亮的地方变化越大，越暗的地方变化越小。要想准确地控制好这种亮度关系的区域，那就需要使用灰蒙版。

4．配合调整图层调整局部图像

使用调整图层对图像进行调整，这是图像处理的高级操作。在使用调整图层时，要想随心所欲地调整局部图像，离不开图层蒙版的密切配合。

13.1.2 蒙版的种类

Photoshop CC 2017 提供了 3 种蒙版：图层蒙版、剪贴蒙版和矢量蒙版。各个蒙版的特点如下。

- 图层蒙版：通过蒙版中的灰度信息来控制图像的显示区域，可用于合成图像，也可以控制填充图层、调整图层、智能滤镜的有效方位。
- 剪贴蒙版：通过一个对象的形状来控制其他图层的显示区域。
- 矢量蒙版：通过路径和矢量形状控制图像的显示区域。

13.1.3 认识蒙版属性面板

蒙版属性面板用于调整所选图层中的图层蒙版和矢量蒙版的不透明度和羽化范围。在图像中创建蒙版后，选择"窗口"|"属性"命令，可以打开蒙版的属性面板，如图 13-3 所示。

图 13-3 蒙版属性面板

蒙版属性面板各个工具和选项的作用如下。

- 图层蒙版：显示了在"图层"面板中当前选择的蒙版类型，此时可在"属性"面板中进行编辑。
- 选择图层蒙版 ：单击该按钮，可以为当前图层添加图层蒙版。
- 选择矢量蒙版 ：单击该按钮，可以为当前图层添加矢量蒙版。
- 浓度：拖动滑块可以控制蒙版的不透明度，即蒙版的遮盖强度。
- 羽化：拖动滑块可以柔化蒙版的边缘。
- 选择并遮住蒙版边缘：单击该按钮，可以针对不同的背景查看和修改蒙版边缘，这些操作与调整选区边缘基本相同。
- 颜色范围：单击该按钮，可以打开"颜色范围"对话框，在图像中取样并调整颜色容差来修改蒙版范围。

- 反相：可以翻转蒙版的遮挡区域。
- 从蒙版中载入选区 ：单击该按钮，可以载入蒙版中包含的选区。
- 应用蒙版 ：单击该按钮，可以将蒙版应用到图像中，同时删除被蒙版遮盖的图像。
- 停用/启用蒙版 ：单击该按钮，可以停用(或重新启用)蒙版，停用蒙版时，蒙版缩览图上会出现一个红色"×"，如图 13-4 所示。
- 删除蒙版 ：单击该按钮，可以删除当前选择的蒙版。

图 13-4　停用蒙版

13.2　使用蒙版

在了解蒙版的特点后，接下来将学习蒙版的具体使用方法，包括图层蒙版、矢量蒙版和剪贴蒙版的使用。

13.2.1　图层蒙版

使用图层蒙版可以隐藏或显示图层中的部分图像。用户可以通过图层蒙版显示下一层图像中原来已经遮罩的部分。该功能常用于制作抠图合成效果。

单击"图层"面板底部的"添加图层蒙版"按钮 ，即可添加一个图层蒙版，如图 13-5 所示。添加图层蒙版后，可以在"图层"面板中对图层蒙版进行编辑。使用鼠标右键单击蒙版图标，在弹出的菜单中可以选择所需的编辑命令，如图 13-6 所示。

图 13-5　添加图层蒙版

图 13-6　弹出菜单

- 停用图层蒙版：选择该命令可以暂时不显示图像中添加的蒙版效果。
- 删除图层蒙版：选择该命令可以彻底删除应用的图层蒙版效果，使图像回到原始状态。
- 应用图层蒙版：选择该命令可以将蒙版图层变成普通图层，以后将无法对蒙版状态进行编辑。

【练习 13-1】使用图层蒙版进行抠图。

(1) 打开"素材\第 13 章\袋鼠.jpg"和"草原.jpg"素材图像，然后将袋鼠图像拖入到草原图像中，如图 13-7 所示。"图层"面板中的图像图层如图 13-8 所示。

图 13-7 添加图像　　　　　　　　　　图 13-8 "图层"面板

(2) 选择图层 1，单击"图层"面板底部的"添加图层蒙版"按钮▣，即可添加一个图层蒙版，如图 13-9 所示。

(3) 设置前景色为黑色。然后选择画笔工具，在属性栏中选择柔角样式，涂抹袋鼠背景图像，涂抹之处将被隐藏，如图 13-10 所示。"图层"面板中的效果如图 13-11 所示。

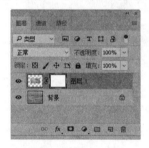

图 13-9 添加图层蒙版　　　图 13-10 图像效果　　　图 13-11 图层蒙版状态

注意：

对图层蒙版进行编辑时，"图层"面板中的黑色区域的图像为透明状态(即被隐藏)，白色区域的图像为显示状态。

13.2.2 矢量蒙版

用户可以通过钢笔或形状工具创建蒙版，这种蒙版就是矢量蒙版。矢量蒙版可在图层上创建锐边形状，无论何时需要添加边缘清晰分明的设计元素，都可以使用矢量蒙版。

【练习 13-2】添加矢量蒙版。

(1) 打开"素材\第 13 章\宝宝.jpg"和"木纹.jpg"素材图像,然后将木纹图像拖入到宝宝图像上方,如图 13-12 所示。

(2) 在工具箱中选择自定形状工具,然后在属性栏中单击"形状"右侧的三角形按钮,在弹出的面板中选择其中的"边框 7"图形,如图 13-13 所示。

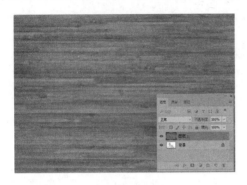

图 13-12　添加图像　　　　　　　　　　　图 13-13　选择边框图形

(3) 在图像窗口中绘制一个矢量边框图形,如图 13-14 所示。

(4) 在工具箱中选择直接选择工具，然后对边框进行修改,如图 13-15 所示。

图 13-14　绘制边框　　　　　　　　　　　图 13-15　修改边框

(5) 在工具箱中重新选择自定形状工具,然后在属性栏中单击"蒙版"按钮,如图 13-16 所示,即可创建一个矢量蒙版,如图 13-17 所示。

图 13-16　单击"蒙版"按钮　　　　　　　图 13-17　创建矢量蒙版

注意:

创建矢量蒙版后,需要选择"图层"|"栅格化"|"矢量蒙版"命令,才可以对矢量蒙版

进行编辑。

13.2.3　剪贴蒙版

剪贴蒙版可以使用某个图层中包含像素的区域来限制它上层图像的显示范围。它的最大优点是可以通过一个图层来控制多个图层的可见内容，而图层蒙版和矢量蒙版只能控制一个图层。

用户可以在剪贴蒙版中使用多个图层，但它们必须是连续的图层。蒙版中的基底图层名称带下划线，上层图层的缩览图是缩进的，叠加图层将显示一个剪贴蒙版图标。

【练习 13-3】制作剪贴图层效果。

(1) 打开"素材\第 13 章\周年庆.psd"文件，如图 13-18 所示，在"图层"面板中可以看到除背景图层外，分别有两个普通图层，如图 13-19 所示。

图 13-18　素材图像

图 13-19　"图层"面板

(2) 打开"素材\第 13 章\背景花朵.psd"文件，使用移动工具将其拖动到周年庆图像文件中，这时"图层"面板中将自动增加一个新的图层，如图 13-20 所示。

(3) 选择"图层"|"创建剪贴蒙版"命令，即可得到剪贴蒙版的效果，"图层"面板的花朵图层将变成剪贴图层，如图 13-21 所示，这时得到的图像效果如图 13-22 所示。

图 13-20　添加花朵图像

图 13-21　剪贴图层

图 13-22　剪贴图像效果

13.2.4　课堂案例——云端之上

本实例将制作一个合成图像，主要练习蒙版的使用，通过隐藏图像，得到想要的画面效果，实例效果如图 13-23 所示。

图 13-23　实例效果

实例分析

本实例主要是通过将多张图像组合在一起，然后为图像添加图层蒙版，使用画笔工具涂抹图像，得到隐藏图像效果，形成建筑群漂浮在白云图像之上的效果。

操作步骤

(1) 打开"素材\第 13 章\云层.jpg"和"建筑群.psd"图像，如图 13-24 和图 13-25 所示。

图 13-24　云层图像

图 13-25　建筑群图像

(2) 选择建筑群图像，使用移动工具将其拖动到云层图像中，适当调整图像大小，放到如图 13-26 所示的位置。

(3) 设置前景色为黑色，背景色为白色。分别选择"图层 1"和"图层 3"，单击"图层"面板底部的"添加图层蒙版"按钮，使用画笔工具对建筑群图像边缘和底部做适当的涂抹，可以隐藏部分图像，效果如图 13-27 所示。

图 13-26　移动图像

图 13-27　隐藏部分图像

(4) 添加图层蒙版后，"图层"面板中的蒙版效果如图 13-28 所示。打开"素材/第 13 章/白云.psd"图像，如图 13-29 所示。

图 13-28　"图层"面板

图 13-29　白云图像

(5) 使用移动工具将白云图像拖动到当前编辑的图像中，将其放到建筑物的底部，如图 13-30 所示。

(6) 新建一个图层，选择渐变工具，单击属性栏中的渐变色条，打开"渐变编辑器"对话框，选择"透明彩虹渐变"样式，并将所有色标调整到渐变条左侧，如图 13-31 所示。

图 13-30　添加白云图像

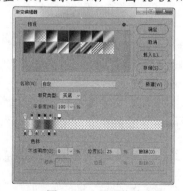

图 13-31　设置渐变色

(7) 单击渐变工具属性栏中的"径向渐变"按钮，选择"反向"选项，在图像中按住鼠标向外拖动，得到渐变填充效果，如图 13-32 所示。

(8) 按 Ctrl+D 组合键取消选区。选择"图层"|"图层蒙版"|"显示全部"命令，为图层添加蒙版，设置前景色为黑色，背景色为白色，使用画笔工具对彩虹图像下半部分做涂抹，隐藏图像，如图 13-33 所示。

图 13-32　渐变填充图像

图 13-33　使用画笔工具做涂抹

(9) 按 Ctrl+T 组合键适当缩小图像，并将其放到画面右侧，降低该图层的不透明度为 22%，效果如图 13-34 所示。

(10) 打开"素材\第 13 章\飞机.psd"图像，使用移动工具将其拖动到当前编辑的图像中，放到热气球右侧，如图 13-35 所示，完成本实例的制作。

图 13-34　彩虹效果

图 13-35　完成图像

13.3　快速蒙版

快速蒙版是一种临时蒙版，使用快速蒙版只建立图像的选区，不会对图像进行修改，快速蒙版需要通过其他工具来绘制选区，然后再进行编辑。

【练习 13-4】使用快速蒙版调整图像局部色彩。

(1) 打开"素材\第 13 章\猫.jpg"素材图像文件，如图 13-36 所示。

(2) 单击工具箱下方的"以快速蒙版模式编辑"按钮▣，进入快速蒙版编辑模式，可以在"通道"面板中查看到新建的快速蒙版，如图 13-37 所示。

图 13-36　素材图像

图 13-37　创建快速蒙版

(3) 选择工具箱中的画笔工具 ，涂抹画面中的猫图像，涂抹出来的颜色为透明红色状态，如图 13-38 所示，在"通道"面板中会显示出涂抹的状态，如图 13-39 所示。

图 13-38　涂抹图像

图 13-39　快速蒙版状态

(4) 单击工具箱中的"以标准模式编辑"按钮，或按 Q 键，返回到标准模式中，得到图像选区，如图 13-40 所示。

(5) 选择"选择"|"反向"命令，将选区反向。

(6) 选择"图像"|"调整"|"色相/饱和度"命令，打开"色相/饱和度"对话框调整图像颜色，如图 13-41 所示。

(7) 单击"确定"按钮回到画面中，得到猫图像的色彩调整效果，如图 13-42 所示。

图 13-40　获取选区

图 13-41　调整色相/饱和度

图 13-42　色彩效果

13.4　认识通道

在 Photoshop 中，通道的功能非常重要。用户可以使用通道快捷地创建部分图像的选区，还可以使用通道制作一些特殊效果的图像。

13.4.1 "通道"面板

在 Photoshop 中，打开的图像都会在"通道"面板中自动创建颜色信息通道。如果图像文件有多个图层，则每个图层都有一个颜色通道，如图 13-43 所示。

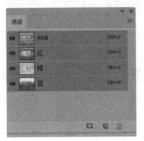

图 13-43 "通道"面板

"通道"面板中各工具按钮的作用如下。

- 将通道作为选区载入 ：单击该按钮可以将当前通道中的图像转换为选区。
- 将选区存储为通道 ：单击该按钮可以将自动创建一个 Alpha 通道，图像中的选区将存储为一个遮罩。
- 创建新通道 ：单击该按钮可以创建一个新的 Alpha 通道。
- 删除当前通道 ：用于删除当前选择的通道。

13.4.2 通道类型

通道的功能根据其所属类型不同而不同，通道包括颜色通道、Alpha 通道和专色通道 3 种类型。

1. 颜色通道

颜色通道主要用于描述图像色彩信息，不同的颜色模式会有不同的颜色通道。例如，RGB 颜色模式的图像有红(R)、绿(G)、蓝(B)3 个默认的通道，如图 13-44 所示；CMYK 颜色模式的图像有青色(C)、洋红(M)、黄色(Y)、黑色(K)4 个默认的通道，如图 13-45 所示。

图 13-44 RGB 通道

图 13-45 CMYK 通道

在"通道"面板中选择不同的颜色通道，则显示的图像效果也会不一样，如图 13-46、图 13-47 和图 13-48 所示。

图 13-46　RGB 的红色通道　　　图 13-47　RGB 的绿色通道　　　图 13-48　RGB 的蓝色通道

2．Alpha 通道

Alpha 通道是用于存储图像选区的蒙版，它将选区存储为 8 位灰度图像放入"通道"面板中，用来处理隔离和保护图像的特定部分，所以它不能存储图像的颜色信息。

注意：
只有以支持图像颜色模式的格式(如 PSD、PDF、PICT、TIFF 或 Raw 等格式)存储文件时才能保留 Alpha 通道，以其他格式存储文件可能会导致通道信息丢失。

3．专色通道

专色是指除了 CMYK 以外的颜色。专色通道主要用于记录专色信息，指定用于专色(如银色、金色及特种色等)油墨印刷的附加印版。

13.5　创建通道

在 Photoshop 中，图像都会有一个颜色通道。在编辑图像的过程中，用户还可以根据需要创建 Alpha 通道或专色通道。

13.5.1　创建 Alpha 通道

Alpha 通道用于存储选择范围，可进行多次编辑。用户可以通过载入图像选区，然后新建 Alpha 通道对图像进行操作。

【练习 13-5】新建 Alpha 通道。
(1) 打开"素材\第 13 章\跑车.jpg"图像文件，然后选择"窗口"|"通道"命令，打开"通道"面板，如图 13-49 所示。
(2) 单击"通道"面板底部的"创建新通道"按钮，即可创建一个 Alpha 通道，如图 13-50 所示。

图 13-49　"通道"面板　　　　　　　　图 13-50　新建 Alpha 通道

（3）单击"通道"面板右上角的快捷菜单按钮▤，在弹出的快捷菜单中选择"新建通道"命令，打开"新建通道"对话框，设置好所需选项后单击"确定"按钮，如图 13-51 所示，即可在"通道"面板中创建一个 Alpha 通道，如图 13-52 所示。

图 13-51　"新建通道"对话框　　　　　　图 13-52　新建 Alpha 通道

（4）在图像窗口中创建一个选区，如图 13-53 所示。

（5）单击"通道"面板底部的"将选区存储为通道"按钮▢，即可将选区存储到新建的 Alpha 通道中，如图 13-54 所示。

图 13-53　创建选区　　　　　　　　　图 13-54　存储选区为通道

注意：

将选区存储为 Alpha 通道后，当图像中的选区被取消后，在"通道"面板中选中选区通道，单击"将通道作为选区载入"按钮▦，即可重新载入该选区，或是在按住 Ctrl 键的同时，单击选区通道的图标，也可以重新载入该选区。

13.5.2　创建专色通道

单击"通道"面板右上角的快捷菜单按钮▤，在弹出的快捷菜单中选择"新建专色通道"命令，打开"新建专色通道"对话框，如图 13-55 所示。在对话框中输入新通道名称后并确定，即可新建专色通道，如图 13-56 所示。

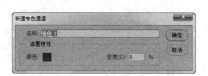

图 13-55   "新建专色通道"对话框   图 13-56   专色通道

13.6   编辑通道

在使用通道对图像进行处理的过程中，通常还需要在"通道"面板中对通道进行相关操作，才能创建出更加丰富的图像效果。

13.6.1   选择通道

对通道进行编辑，首先需要选择通道。在"通道"面板中单击某一通道即可选择该通道，如图 13-57 所示；按住 Shift 键的同时，在"通道"面板中逐一单击某个通道，即可同时选择多个通道，如图 13-58 所示。

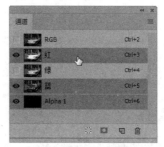

图 13-57   选择单个通道   图 13-58   选择多个通道

13.6.2   通道与选区的转换

如果在图像中创建了选区，单击"通道"面板中的"将选区存储为通道"按钮 ，可以将选区保存到 Alpha 通道中，如图 13-59 所示。

在"通道"面板中选择要载入选区的 Alpha 通道，然后单击"将通道作为选区载入"按钮 ，即可载入该通道中的选区；或是在按住 Ctrl 键的同时，单击"通道"面板中的 Alpha 通道，也可以载入通道中的选区，如图 13-60 所示。

图 13-59　在通道中保存选区　　　　　　　图 13-60　在图像中载入选区

13.6.3　复制通道

在 Photoshop 中，不但可以将通道复制在同一个文档中，还可以将通道复制到新建的文档中。通道的复制操作可以在"通道"面板中进行。

【练习 13-6】复制图像中的通道。

(1) 打开"跑车.jpg"图像文件，选择需要复制的通道(如"红"通道)，然后按住鼠标左键将该通道拖动到面板底部的"创建新通道"按钮□上，如图 13-61 所示。

(2) 当光标变成手掌形状🖑时释放鼠标，即可复制选择的通道，如图 13-62 所示。

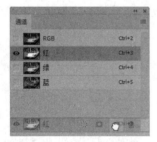

图 13-61　拖动通道　　　　　　　　　图 13-62　复制通道

(3) 使用鼠标右键单击另一个需要复制的通道，在弹出的菜单中选择"复制通道"命令，如图 13-63 所示。

(4) 在打开的"复制通道"对话框中单击"文档"下拉列表框，选择"新建"选项，如图 13-64 所示。

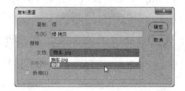

图 13-63　选择命令　　　　　　　　　图 13-64　选择选项

(5) 在"复制通道"对话框中为通道和文档命名，如图 13-65 所示。

(6) 单击"确定"按钮，即可将指定的通道复制到新的文档中，如图 13-66 所示。

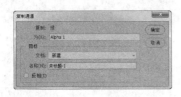

图 13-65　设置选项

图 13-66　复制通道

13.6.4　删除通道

由于多余的通道会改变图像文件大小，还会影响电脑运行速度。因此，在完成图像的处理后，可以将多余的通道删除。

删除通道有以下 4 种常用方法。

- 选择需要删除的通道，按住鼠标左键将其拖动到面板底部的"删除当前通道"按钮 🗑 上。
- 选择需要删除的通道，单击面板底部的"删除当前通道"按钮 🗑，然后在弹出的对话框中进行确定。
- 选择需要删除的通道，在该通道上单击鼠标右键，在弹出的菜单中选择"删除通道"命令。
- 选择需要删除的通道，单击面板右上方的快捷菜单按钮 ▤，在弹出的菜单中选择"删除通道"命令。

13.6.5　通道的分离与合并

在 Photoshop 中，对通道进行分离与合并，可以得到更加精彩的图像效果。通道的分离是将一个图像文件的各个通道分开，各个通道图像会成为一个拥有独立图像窗口和"通道"面板的独立文件，用户可以对各个通道文件进行独立编辑。当对各个通道文件编辑完成后，再将各个独立的通道文件合成到一个图像文件，这就是通道的合并。

【练习 13-7】对图像的通道进行分离与合并。

(1) 打开一幅素材图像，可在"通道"面板中查看图像通道信息，如图 13-67 所示。

图 13-67　图像及对应的通道

(2) 单击通道快捷菜单按钮■，在弹出的快捷菜单中选择"分离通道"命令，系统会自动将图像按原图像中的分色通道数目分解为 3 个独立的灰度图像，如图 13-68 所示。

图 13-68　分离通道后生成的图像

(3) 选择分离出来的绿色通道图像，选择"滤镜"|"扭曲"|"水波"命令，在打开的对话框中设置参数并确定，如图 13-69 所示，此时绿色通道的图像效果如图 13-70 所示。

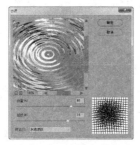　　　　

图 13-69　设置水波效果　　　　　　　　图 13-70　应用滤镜效果

(4) 单击任意通道快捷菜单按钮■，在弹出的快捷菜单中选择"合并通道"命令，在打开的"合并通道"对话框中设置合并后图像的颜色模式为 RGB 颜色，如图 13-71 所示。

(5) 单击"确定"按钮，然后在打开的"合并 RGB 通道"对话框中直接进行确定，即可合并通道，并为原图像添加了背景纹理，效果如图 13-72 所示。

图 13-71　"合并通道"对话框　　　　　　图 13-72　合并后的效果

13.6.6　通道的运算

在 Photoshop 中，可以对同一个图像的不同通道或两个不同图像中的通道进行运算，从而得到图像的混合效果。

【练习 13-8】对两个图像进行通道运算。

(1) 打开"海景.jpg"和"城堡.jpg"素材图像，如图 13-73 和图 13-74 所示。

图 13-73　海景

图 13-74　城堡

(2) 选择海景图像为当前图像，然后选择"图像"|"应用图像"命令，打开"应用图像"对话框，设置源图像为"城堡"图像、通道为"RGB"、混合模式为"强光"，如图 13-75 所示。

(3) 单击"确定"按钮，"海景"图像中的部分图像即可混合到"城堡"图像中，如图 13-76 所示。

图 13-75　设置参数

图 13-76　混合通道后的图像

13.6.7　课堂案例——制作艺术边框

本实例将制作艺术边框图像效果，主要练习通道的创建、通道与选区的转换，以及载入选区等操作，实例效果如图 13-77 所示。

图 13-77　实例效果

实例分析

本实例首先新建一个 Alpha 1 通道，然后在通道中绘制选区并填充颜色，通过滤镜命令对通道进行边框编辑，最后载入 Alpha 通道选区，对图像进行边框编辑。

操作步骤

(1) 打开"素材\第 13 章\雪山.jpg"素材图像，如图 13-78 所示。

(2) 打开"通道"面板，单击面板下方的"创建新通道"按钮，新建"Alpha 1"通道，如图 13-79 所示。

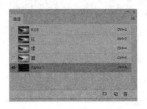

图 13-78　素材图像　　　　　　　　　　图 13-79　创建 Alpha 通道

(3) 在工具箱中选择套索工具，然后在图像边缘绘制选区，并填充为白色，如图 13-80 所示。

(4) 按 Ctrl+D 组合键取消选区。

(5) 选择"滤镜→滤镜库"命令，在打开的对话框中选择"画笔描边"|"喷溅"滤镜，然后设置参数并确定，如图 13-81 所示。

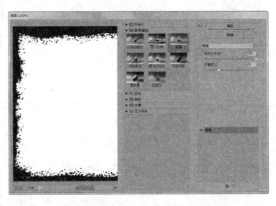

图 13-80　绘制并填充选区　　　　　　　图 13-81　设置喷溅滤镜参数

(6) 选择 RGB 通道，然后按住 Ctrl 键单击"Alpha 1"通道，载入"Alpha 1"通道选区，切换到"图层"面板，再按 Shift+Ctrl+I 组合键反选选区，如图 13-82 所示。

(7) 将选区填充为白色，然后取消选区，如图 13-83 所示。

图 13-82　获取选区

图 13-83　填充选区

(8) 双击背景图层，在打开的对话框中保持默认设置，如图 13-84 所示，单击"确定"按钮，将背景图层转换为普通图层，如图 13-85 所示。

图 13-84　保持默认设置

图 13-85　转换图层

(9) 新建一个图层，将其放到图层 0 的下方，并填充为白色。

(10) 选中图层 0，然后选择"图层"|"图层样式"|"外发光"命令，在打开的"图层样式"对话框中设置外发光颜色为黑色，其余参数如图 13-86 所示。

(11) 单击"确定"按钮，得到图像外发光效果。然后按 Ctrl+T 组合键适当缩小图像，完成本例的制作，如图 13-87 所示。

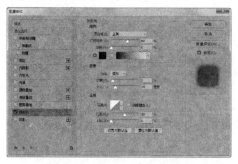

图 13-86　设置外发光参数

图 13-87　完成效果

13.7　思考练习

1. 蒙版是一种_____色的灰度图像，它作为 8 位灰度通道存放在图层或通道中。

A. 8　　　　　　　　B. 32　　　　　　　　C. 64　　　　　　　　D. 256

2. _____是一种临时蒙版，使用快速蒙版只建立图像的选区，不会对图像进行修改。

A. 快速蒙版　　　　B. 图层蒙版　　　　C. 矢量蒙版　　　　　D. 通道蒙版

3. 使用_____可以隐藏或显示图层中的部分图像。可以通过_____显示下一层图像中原来已经遮罩的部分。

 A. 快速蒙版   B. 图层蒙版   C. 矢量蒙版   D. 通道蒙版

4. Photoshop 中通道包括＿＿＿＿＿＿＿＿＿＿＿＿＿＿3 种类型。

 A. 颜色通道、Alpha 通道和专色通道

 B. 色彩通道、Alpha 通道和专色通道

 C. 颜色通道、色阶通道和专色通道

 D. 颜色通道、色阶通道和 Alpha 通道

5. ＿＿＿＿＿＿＿＿＿通道主要用于描述图像色彩信息。

 A. Alpha 通道   B.颜色通道   C. 色阶通道   D. 专色通道

6.＿＿＿＿＿＿通道是用于存储图像选区的蒙版，它将选区存储为 8 位灰度图像放入"通道"
面板中，用来处理隔离和保护图像的特定部分，所以它不能存储图像的颜色信息。

 A. Alpha 通道   B.颜色通道   C. 色阶通道   D. 专色通道

7. Photoshop 中提供了哪几种蒙版？

8. 如何在通道中保存和载入选区？

9. 在 Photoshop 中，通道的分离与合并指的是什么？

第14章

应 用 滤 镜

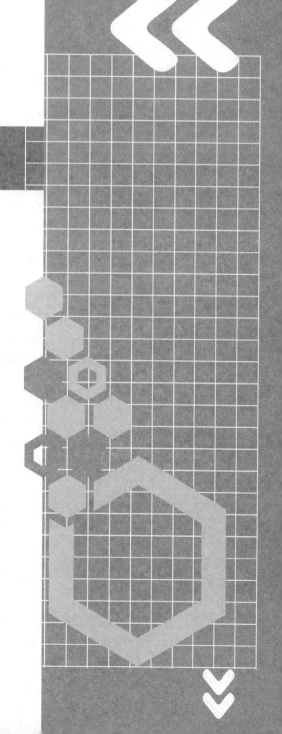

在 Photoshop 中使用滤镜可以制作出许多不同的效果。在使用滤镜时，参数的设置是非常重要的，用户在学习的过程中可以大胆地尝试，从而了解各种滤镜的效果特点。

14.1 滤镜基础

使用 Photoshop 中的滤镜功能可以创建出各种各样的图像特效。Photoshop CC 2017 提供了近 100 种滤镜，可以创建纹理、杂色、扭曲和模糊等多种效果。

14.1.1 认识滤镜

滤镜主要用于实现图像的各种特殊效果。它在 Photoshop 中具有非常神奇的作用。滤镜通常需要同通道、图层等配合使用，才能取得最佳的艺术效果。如果想将滤镜应用到最适当的位置，就需要用户对滤镜功能非常熟悉，甚至需要具有很丰富的想象力。

Photoshop 的滤镜主要分为两个部分：一是 Photoshop 程序内部自带的内置滤镜；二是第三方厂商为 Photoshop 所生产的滤镜，外挂滤镜数量较多，而且种类多、功能也不同，用户可以使用不同的滤镜，轻松地达到创作的意图。

14.1.2 常用滤镜的使用方法

在 Photoshop 中系统默认为每个滤镜都设置了效果，当应用该滤镜时，自带的滤镜效果就会应用到图像中，用户可通过滤镜提供的参数对图像效果进行调整。

1. 选择滤镜

用户可以通过 Photoshop 中的滤镜命令为图像制作出各种特殊效果。在"滤镜"菜单中可以找到所有 Photoshop 内置滤镜。单击"滤镜"菜单，在弹出的"滤镜"菜单中包括了多种滤镜组，在滤镜组中还包含了多种不同的滤镜效果，如图 14-1 所示。在"滤镜"菜单中选择所需的滤镜，即可应用该滤镜。

图 14-1 "滤镜"菜单

2. 预览并设置滤镜

在 Photoshop 的滤镜中，大部分滤镜都拥有对话框，当用户在"滤镜"菜单下选择一种滤镜时，系统将打开对应的参数设置对话框，在其中可预览到图像应用滤镜的效果。例如，

选择"滤镜"|"扭曲"|"波纹"命令,即可打开"波纹"对话框,在此可以进行波纹滤镜预览和各项设置,如图 14-2 所示。

单击对话框底部的 ▬ 或 ▬ 按钮,可缩小或放大预览图,当预览图放大到超过窗口比例时,可在预览图中拖动显示图像特定区域,如图 14-3 所示。

图 14-2 滤镜对话框 　　　　　　　　　　图 14-3 移动预览图

注意:
对图像应用滤镜后,如果发现效果不明显,可按 Alt+Ctrl+F 组合键再次应用该滤镜。

14.1.3 滤镜库的使用方法

在滤镜库中不但可以实时预览滤镜对图像产生的作用,还可以在操行过程中为图像添加多种滤镜。Photoshop CC 2017 的滤镜库整合了"扭曲"、"画笔描边"、"素描"、"纹理"、"艺术效果"和"风格化"6 种滤镜组。

打开一幅图像,选择"滤镜"|"滤镜库"命令,即可打开"滤镜库"对话框,如图 14-4 所示。

图 14-4 "滤镜库"对话框

"滤镜库"对话框可以进行以下操作。

● 在滤镜列表中展开滤镜组文件夹,单击其中一个效果命令,可在左边的预览框中查看应用该滤镜后的效果。
● 单击对话框右下角的"新建效果图层"按钮 ,可新建一个效果图层。单击"删除效果图层"按钮 ,可删除效果图层。

● 在对话框中单击 ⬆ 按钮，可隐藏效果选项，从而增加预览框中的视图范围。

14.1.4　滤镜应用的注意事项

虽然 Photoshop 提供了许多不同的滤镜，可以产生不同的图像效果。但在使用滤镜功能时也需要注意以下几个问题。

● 滤镜不能应用于位图模式、索引颜色以及 16 位/通道图像。并且某些滤镜功能只能用于 RGB 图像模式，而不能用于 CMYK 图像模式，用户可通过"模式"菜单将其他模式转换为 RGB 模式。

● 滤镜是以像素为单位对图像进行处理的。因此，在对不同像素的图像应用相同参数的滤镜时，所产生的效果也会不同。

● 在对分辨率较高的图像文件应用某些滤镜功能时，会占用较多的内存空间，造成电脑的运行速度缓慢或停止响应。

14.2　常用滤镜功能详解

本节将介绍滤镜库的使用方法，其中包括风格化、画笔描边、扭曲、素描、纹理和艺术效果等 6 个滤镜组。

14.2.1　风格化滤镜组

风格化滤镜组主要通过置换像素和查找增加图像的对比度，使图像产生印象派及其他风格化效果。除了可以在滤镜库中找到照亮边缘滤镜外，还可以在滤镜菜单中找到查找边缘、等高线、风等其他 9 种风格化滤镜效果，如表 14-1 所示。

表 14-1　风格化滤镜组

滤镜名称	滤镜功能	滤镜效果
照亮边缘	该滤镜是通过查找并标识颜色的边缘，为其增加类似霓虹灯的亮光效果	
查找边缘	该滤镜可以找出图像主要色彩的变化区域,使之产生用铅笔勾划过的轮廓效果	
等高线	使用该滤镜可以查找图像的亮区和暗区边界，并对边缘绘制出线条比较细、颜色比较浅的线条效果	

(续表)

滤镜名称	滤镜功能	滤镜效果
风	使用该滤镜可以模拟风吹效果,为图像添加一些短而细的水平线	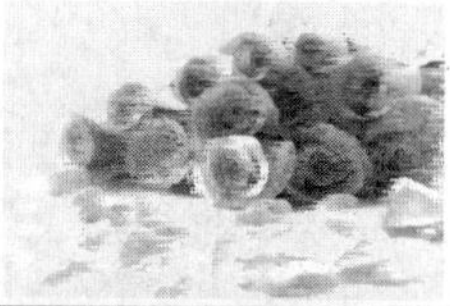
浮雕效果	使用该滤镜可以描边图像,使图像显现出凸起或凹陷效果,并且能将图像的填充色转换为灰色	
扩散	使用该滤镜可以产生透过磨砂玻璃观察图片一样的分离模糊效果	
拼贴	使用该滤镜可以将图像分解为指定数目的方块,并且将这些方块从原来的位置移动一定的距离	
曝光过度	使用该滤镜可以使图像产生正片和负片混合的效果,类似于摄影中增加光线强度产生的曝光过度效果	
凸出	使用该滤镜可使选择区域或图层产生一系列块状或金字塔状的三维纹理	
油画	使用该滤镜可以使图像产生类似于油画的效果	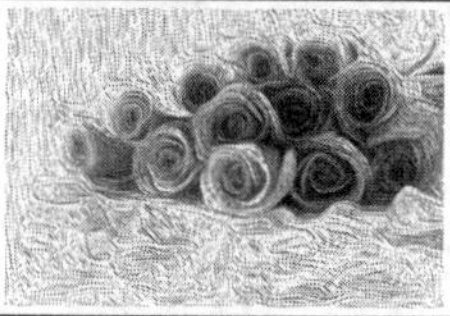

注意:

菜单命令中的"油画"滤镜呈灰显状态时为不可用。油画在除 RGB 之外的其他颜色空间(如 CMYK、Lab 等)中无法正常工作。且显卡是支持 OpenCL v1.1 或更高版本的升级型显卡,才能使用油画滤镜。

【练习 14-1】制作抽象的拼贴画。

(1) 选择"文件"|"打开"命令,打开"桥.jpg"素材图像,如图 14-5 所示。

(2) 选择"滤镜"|"风格化"|"查找边缘"命令,得到轮廓图像效果,如图 14-6 所示。

图 14-5　原素材图像

图 14-6　查找边缘效果

(3) 选择"滤镜"|"风格化"|"扩散"命令，打开"扩散"对话框，选择"变暗优先"单选按钮，如图 14-7 所示。单击"确实"按钮，得到"扩散"滤镜效果，如图 14-8 所示。

图 14-7　设置扩散参数

图 14-8　扩散效果

(4) 设置背景色为白色。选择"滤镜"|"风格化"|"拼贴"命令，打开"拼贴"对话框，设置拼贴数为 10，选中"背景色"单选按钮，如图 14-9 所示。

(5) 单击"确定"按钮回到画面中。按 Alt+Ctrl+F 组合键再次应用"拼贴"滤镜，完成本例的制作，效果如图 14-10 所示。

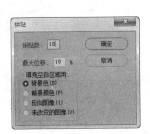

图 14-9　设置拼贴参数

图 14-10　拼贴画效果

14.2.2　画笔描边滤镜组

画笔描边滤镜组中的滤镜全部位于滤镜库中，在滤镜库对话框中展开"画笔描边"文件夹，可以选择和设置其中的各个滤镜。画笔描边滤镜组中的命令，主要用于模拟不同的画笔或油墨笔刷来勾画图像，产生绘画效果，如表 14-2 所示。

表 14-2　画笔描边滤镜组

滤镜名称	滤镜功能	滤镜效果
成角的线条	使用该滤镜可以使图像中的颜色产生倾斜划痕效果，图像中较亮的区域用一个方向的线条绘制，较暗的区域用相反方向的线条绘制	
墨水轮廓	该滤镜可以产生类似钢笔绘图的风格，用细线条在原图细节上重绘图像	
喷溅	使用该滤镜可以模拟喷枪绘图的工作原理使图像产生喷溅效果	
喷色描边	该滤镜采用图像的主导色，使用成角的、喷溅的颜色增加斜纹飞溅效果	
强化的边缘	该滤镜的作用是强化勾勒图像的边缘	
深色线条	该滤镜是用粗短、绷紧的线条来绘制图像中接近深色的颜色区域，再用细长的白色线条绘制图像中较浅的区域	
烟灰墨	使用该滤镜可以模拟饱含墨汁的湿画笔在宣纸上进行绘制的效果	
阴影线	使用该滤镜将保留原图像的细节和特征，但会使用模拟铅笔阴影线添加纹理，并且色彩区域的边缘会变粗糙	

14.2.3 扭曲滤镜组

"扭曲"滤镜主要用于对当前图层或选区内的图像进行各种各样的扭曲变形处理，图像可以产生三维或其他变形效果。除了可以在滤镜库中找到玻璃、海洋波纹和扩散亮光滤镜外，还可以在滤镜菜单中找到波浪、极坐标、挤压等其他 9 种扭曲滤镜效果，如表 14-3 所示。

表 14-3　扭曲滤镜组

滤镜名称	滤镜功能	滤镜效果
玻璃	使用该滤镜可以为图像添加一种玻璃效果，在对话框中可以设置玻璃的种类，使图像看起来像是透过不同类型的玻璃来观看	
海洋波纹	该滤镜可以随机分隔波纹，将其添加到图像表面	
扩散亮光	使用该滤镜能将背景色的光晕加到图像中较亮的部分，使图像产生一种弥漫的光漫射效果	
波浪	使用该滤镜能模拟图像波动的效果，是一种较复杂、精确的扭曲滤镜，常用于制作一些不规则的扭曲效果	
波纹	使用该滤镜可以模拟水波皱纹效果，常用来制作一些水面倒影图像	

(续表)

滤镜名称	滤镜功能	滤镜效果
极坐标	使用该滤镜可以使图像产生一种极度变形的效果	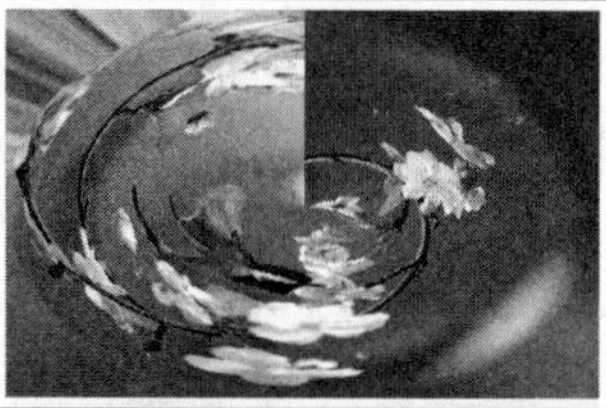
挤压	使用该滤镜可以选择全部图像或部分图像,使选择的图像产生一个向外或向内挤压的变形效果	
切变	使用该滤镜可以通过调节变形曲线,来控制图像的弯曲程度	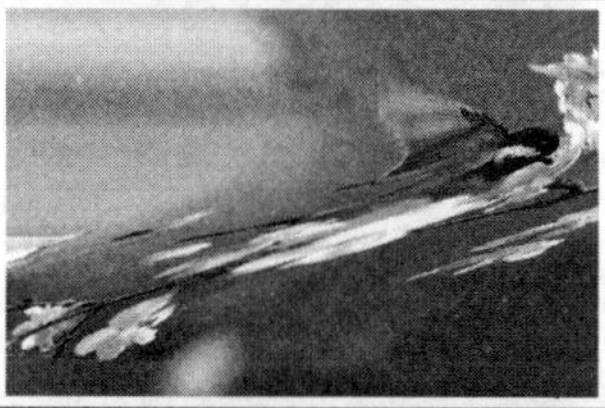
球面化	使用该滤镜可以通过立体化球形的镜头形态来扭曲图像,得到与挤压滤镜相似的图像效果	
水波	使用该滤镜可以模拟水面上产生的漩涡波纹效果	
旋转扭曲	使用该滤镜可以使图像产生顺时针或逆时针旋转效果	
置换	使用该滤镜可以根据另一个 PSD 格式文件的明暗度将当前图像的像素进行移动,使图像产生扭曲的效果	

14.2.4 素描滤镜组

素描滤镜组中的滤镜全部位于滤镜库中，用于在图像中添加各种纹理，使图像产生素描、三维及速写的艺术效果，如表 14-4 所示。

表 14-4 素描滤镜组

滤镜名称	滤镜功能	滤镜效果
半调图案	使用该滤镜可以使用前景色显示凸显中的阴影部分，使用背景色显示高光部分，让图像产生一种网板图案效果	
便条纸	该滤镜可以模拟出凹陷压印图案，使图像产生草纸画效果	
粉笔和炭笔	该滤镜主要是使用前景色和背景色来重绘图像，使图像产生被粉笔和炭笔涂抹的草图效果	
铬黄渐变	使用该滤镜可以使图像产生液态金属效果，原图像的颜色会完全丢失	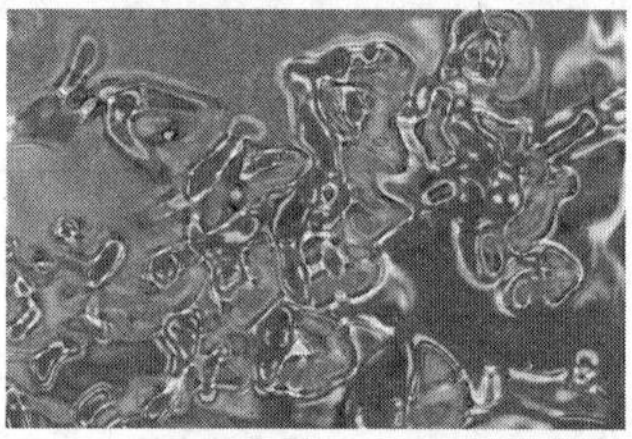
绘图笔	该滤镜使用精细的、具有一定方向的油墨线条重绘图像效果。该滤镜对油墨使用前景色，较亮的区域使用背景色	

(续表)

滤镜名称	滤镜功能	滤镜效果
基底凸现	使用该滤镜可以使图像产生一种粗糙的浮雕效果	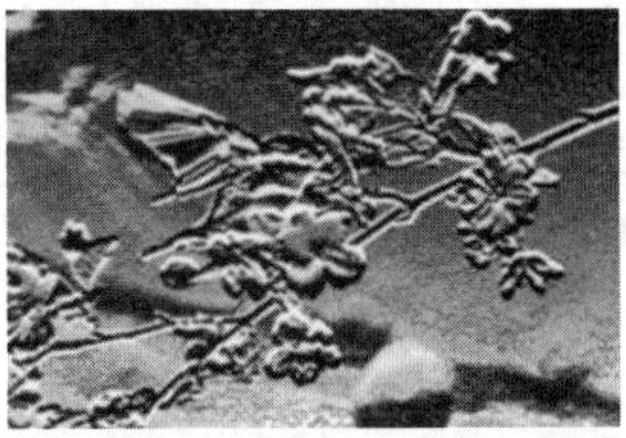
石膏效果	使用该滤镜可以在图像上产生黑白浮雕图像效果，该滤镜效果黑白对比较明显	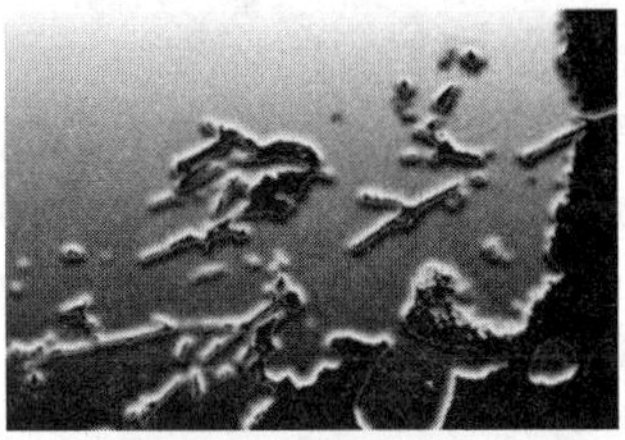
水彩画纸	使用该滤镜可以在图像上产生水彩效果，就好像是绘制在潮湿的纤维纸上，颜色溢出、混合的渗透效果	
撕边	该滤镜适用于高对比度图像，它可以模拟出撕破的纸片效果	
炭笔	使用该滤镜可以在图像中创建海报化、涂抹的效果。图像中主要的边缘用粗线绘制，中间色调用对角线素描，其中碳笔使用前景色，纸张使用背景色	
炭精笔	该滤镜可以模拟使用炭精笔绘制图像的效果，在暗区使用前景色绘制，在亮区使用背景色绘制	

(续表)

滤镜名称	滤镜功能	滤镜效果
图章	该滤镜可以使图像简化、突出主体，看起来好像用橡皮和木制图章盖上去一样。该滤镜最好用于黑白图像	
网状	该滤镜可以模拟胶片感光乳剂的受控收缩和扭曲的效果，使图像的暗色调区域好像被结块，高光区域好像被颗粒化	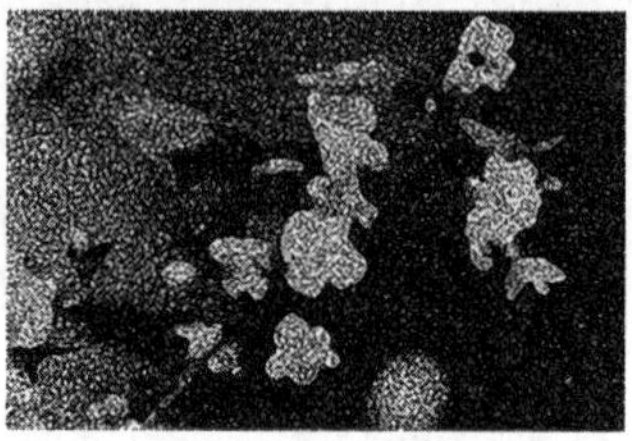
影印	该滤镜用于模拟图像影印的效果	

14.2.5 纹理滤镜组

纹理滤镜组中的滤镜全部位于滤镜库中，使用该组滤镜可以为图像添加各种纹理效果，使图像具有深度感和材质感，如表 14-5 所示。

表 14-5 纹理滤镜组

滤镜名称	滤镜功能	滤镜效果
龟裂缝	使用该滤镜可以在图像中随机绘制出一个高凸现的龟裂纹理，并且产生浮雕效果	
颗粒	该滤镜可以模拟不同种类的颗粒纹理，并将其添加到图像中	

(续表)

滤镜名称	滤镜功能	滤镜效果
马赛克拼贴	使用该滤镜可以在图像表面产生不规则、类似马赛克的拼贴效果	
拼缀图	使用该滤镜可以自动将图像分割成多个规则的矩形块,并且每个矩形块内填充单一的颜色,模拟出瓷砖拼贴的图像效果	
染色玻璃	该滤镜可以模拟出透过花玻璃看图像的效果,并且使用前景色勾画单色的相邻单元格	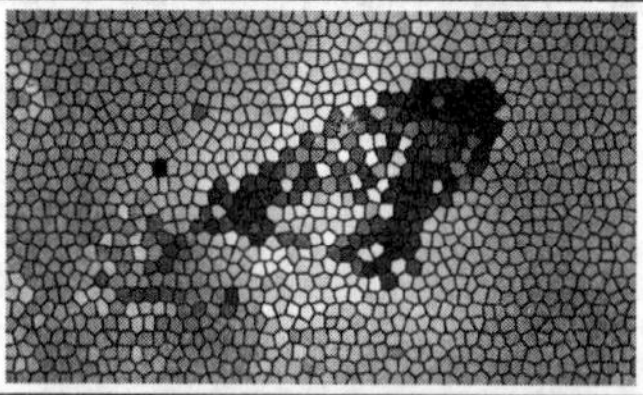
纹理化	使用该滤镜可以为图像添加预设的纹理或者自己创建的纹理效果	

14.2.6 艺术效果滤镜组

艺术效果滤镜组中的滤镜全部位于滤镜库中,用于模仿自然或传统绘画手法的途径,将图像制作成天然或传统的艺术图像效果,如表 14-6 所示。

表 14-6 艺术效果滤镜组

滤镜名称	滤镜功能	滤镜效果
壁画	该滤镜主要通过短、圆和潦草的斑点来模拟粗糙的绘画风格	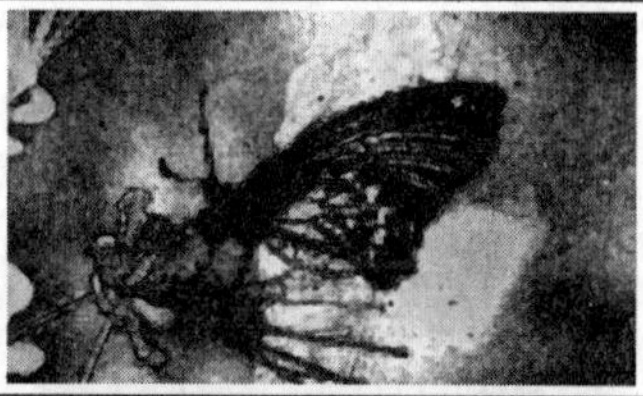
彩色铅笔	该滤镜可以模拟不同种类的颗粒纹理,并将其添加到图像中	

(续表)

滤镜名称	滤镜功能	滤镜效果
粗糙蜡笔	使用该滤镜可以模拟蜡笔在纹理背景上绘图时的效果，从而生成一种纹理浮雕效果	
底纹效果	使用该滤镜可以模拟在带纹理的底图上绘画的效果，从而使整个图像产生一层底纹效果	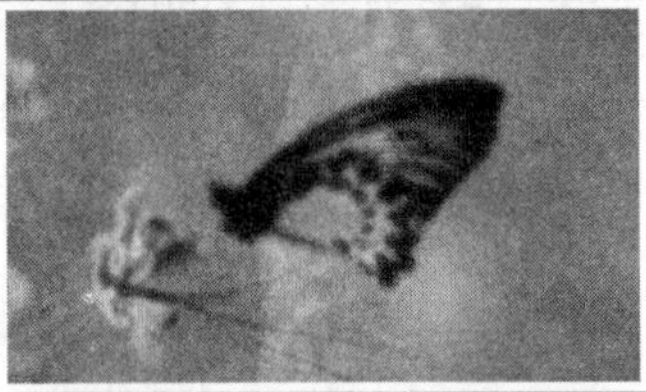
干画笔	使用该滤镜可以模拟使用干画笔绘制图像边缘的效果，该滤镜通过将图像的颜色范围减少为常用颜色区来简化图像	
海报边缘	使用该滤镜将减少图像中的颜色复杂度，在颜色变化大的区域边界填上黑色，使图像产生海报画的效果	
海绵	使用该滤镜可以模拟海绵在图像上画过的效果，使图像带有强烈的对比色纹理	
绘画涂抹	使用该滤镜可以选取各种大小和各种类型的画笔来创建画笔涂抹效果	
胶片颗粒	使用该滤镜可以在图像表面产生胶片颗粒状纹理效果	

(续表)

滤镜名称	滤镜功能	滤镜效果
木刻	使用该滤镜可以使图像产生木雕画效果。对比度较强的图像使用该滤镜将呈剪影状，而一般彩色图像使用该滤镜则呈现彩色剪纸状	
霓虹灯光	使用该滤镜可以使图像中颜色对比反差较大的边缘处产生类似霓虹灯发光效果，单击发光颜色后面的色块可以在打开的对话框中设置霓虹灯颜色	
水彩	使用该滤镜可以简化图像细节，并模拟使用水彩笔在图纸上绘画的效果	
塑料包装	使用该滤镜可以使图像表面产生类似透明塑料袋包裹物体时的效果，表面细节很突出	
调色刀	使用该滤镜可以使图像中的细节减少，图像产生薄薄的画布效果，露出下面的纹理	
涂抹棒	该滤镜可以使用短的对角线涂抹图像的较暗区域来柔和图像，可增大图像的对比度	

14.2.7 模糊滤镜组

对图像使用模糊滤镜，可以让图像相邻像素间过渡平滑，从而使图像变得更加柔和。模糊滤镜组都存放在"滤镜"菜单中，大部分模糊滤镜都有独立的对话框，效果如表 14-7 所示。

表 14-7　模糊滤镜组

滤镜名称	滤镜功能	滤镜效果
模糊	使用该滤镜可以对图像边缘进行模糊处理。该滤镜的模糊效果与"进一步模糊"滤镜的效果相似，但要比"进一步模糊模糊"滤镜的效果稍弱	
表面模糊	使用该滤镜在模糊图像的同时，还会保留原图像边缘	
动感模糊	该滤镜可以使静态图像产生运动的模糊效果，其实就是通过对某一方向上的像素进行线性位移来产生运动的模糊效果	
方框模糊	使用该滤镜可在图像中使用邻近像素颜色的平均值来模糊图像	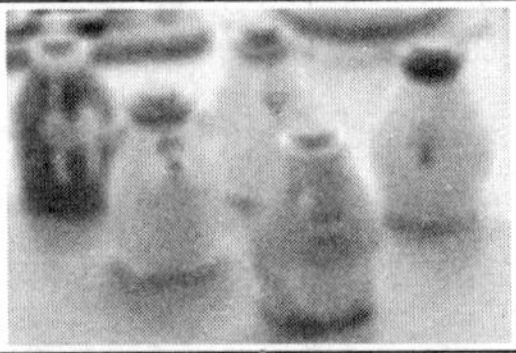
高斯模糊	使用该滤镜可以对图像总体进行模糊处理，根据高斯曲线调节图像像素色值	
径向模糊	使用该滤镜可以模拟出前后移动图像或旋转图像产生的模糊效果，制作出的模糊效果很柔和	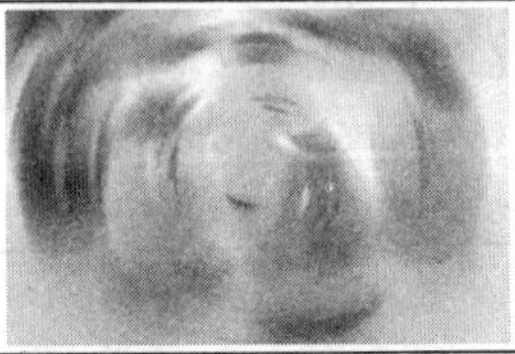
镜头模糊	使用该滤镜可以使图像模拟摄像时镜头抖动产生的模糊效果	
形状模糊 平均模糊 特殊模糊	"形状模糊"滤镜是根据对话框中预设的形状来创建模糊效果。选择"平均模糊"滤镜后，系统会自动查找图像或选区的平均颜色进行模糊处理。一般情况下图像将变成一片单一的颜色。"特殊模糊"滤镜主要用于对图像进行精确模糊，是唯一不模糊图像轮廓的模糊方式	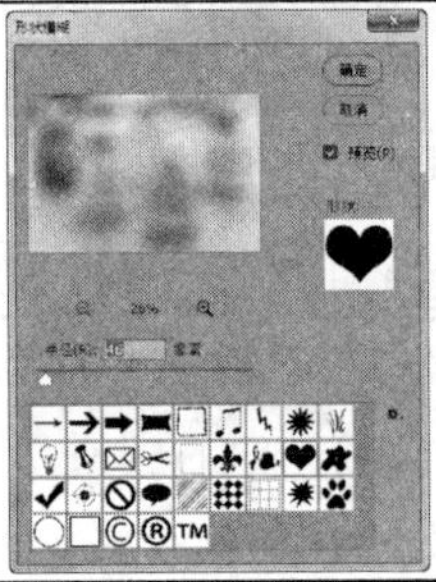

14.2.8　模糊画廊滤镜组

在 Photoshop CC 2017 中，增加了一个"模糊画廊"滤镜组，其中包含了"场景模糊"、"光圈模糊"、"移轴模糊"、"路径模糊"和"旋转模糊" 5 种特殊的模糊滤镜，如表 14-8 所示。

表 14-8　模糊画廊滤镜组

滤镜名称	滤镜功能	滤镜效果
场景模糊	选择该滤镜后，用户可以在图像中添加图钉，添加图钉的位置可以让周围的图像进入模糊编辑状态	
光圈模糊	使用该滤镜能够模拟相机浅景深效果，给照片添加背景虚化，用户可在画面中设置保持清晰的位置，以及虚化范围和程度等参数	
移轴模糊 (倾斜偏移)	选择该滤镜后，用户可以在图像中添加图钉，其中的几条直线用于控制模糊的范围，越在直线以内的图像越清晰	
路径模糊	选择该滤镜后，用户可以在图像中添加图钉并编辑路径，再设置参数，得到适应路径形状的模糊效果	
旋转模糊	选择该滤镜后，用户可以在图像中添加图钉，调整图钉周围圆圈大小，再设置参数，得到圆形旋转的模糊效果	

14.2.9 像素化滤镜组

像素化滤镜组会将图像转换成平面色块组成的图案，使图像分块或平面化，通过不同的设置达到截然不同的效果，如表 14-9 所示。

表 14-9　像素化滤镜组

滤镜名称	滤镜功能	滤镜效果
彩块化	使用该滤镜可以使图像中纯色或相似颜色的像素结成相近颜色的像素块，从而使图像产生类似宝石刻画的效果，该滤镜没有参数设置对话框，直接使用即可，使用后的凸显效果比原图像更模糊	
彩色半调	该滤镜可以将图像分成矩形栅格，从而使图像产生彩色半色调的网点。对于图像中的每个通道，该滤镜用小矩形将图像分割，并用圆形图像替换矩形图像，圆形的大小与矩形的亮度成正比	
点状化	该滤镜将图像中的颜色分解为随机分布的网点，并使用背景色填充空白处	
晶格化	该滤镜可以将图像中的像素结块为纯色的多边形	
马赛克	该滤镜可以使图像中的像素形成方形块，并且使方形块中的颜色统一	
碎片	使用该滤镜可以使图像的像素复制 4 倍，然后将它们平均移位并降低不透明度，从而产生模糊效果	

(续表)

滤镜名称	滤镜功能	滤镜效果
铜版雕刻	使用该滤镜可以在图像中随机分布各种不规则的线条和斑点，在图像中产生镂刻的版画效果	

14.2.10　杂色滤镜组

杂色滤镜组可以在图像中添加彩色或单色杂点效果，或者将图像中的杂色移去。该组滤镜对图像有优化的作用，因此在输出图像的时候经常使用，效果如表 14-10 所示。

表 14-10　杂色滤镜组

滤镜名称	滤镜功能	滤镜效果
去斑	该滤镜可以检测图像边缘并模糊其他图像区域，从而达到掩饰图像中细小斑点、消除轻微折痕的效果。该滤镜无参数设置对话框，执行滤镜效果并不明显	
蒙尘与划痕	该滤镜是通过将图像中有缺陷的像素融入周围的像素，使图像产生柔和的效果	
减少杂色	该滤镜可以在保留图像边缘的同时减少图像中各个通道中的杂色，它具有比较智能化的减少杂色的功能	
添加杂色	该滤镜可以在图像上添加随机像素，在对话框中可以设置添加杂色为单色或彩色	

(续表)

滤镜名称	滤镜功能	滤镜效果
中间值	该滤镜主要是混合图像中像素的亮度，以减少图像中的杂色。该滤镜对于消除或减少图像中的动感效果非常有用	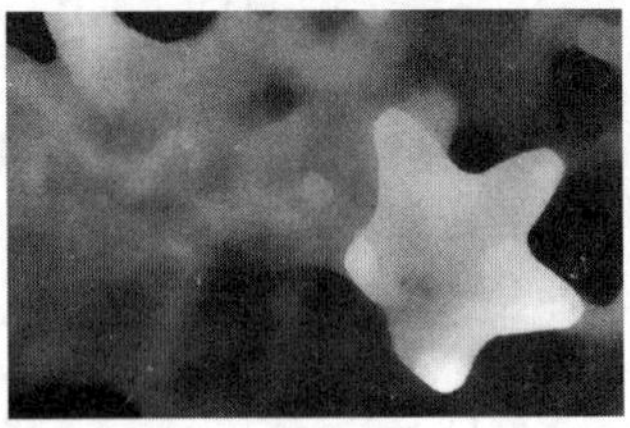

14.2.11 渲染滤镜组

渲染滤镜组提供了 8 种滤镜，主要用于创建不同的火焰、边框、云彩、镜头光晕、光照效果等，如表 14-11 所示。

表 14-11　渲染滤镜组

滤镜名称	滤镜功能	滤镜效果
云彩 分层云彩	分层云彩滤镜和云彩滤镜类似，都是使用前景色和背景色随机产生云彩图案，不同的是"分层云彩"生成的云彩图案不会替换原图，而是按差值模式与原图混合	
光照效果	该滤镜可以对平面图像产生类似三维光照的效果，选择该命令后，将直接进入"属性"面板，在其中可以设置各选项参数	
镜头光晕	该滤镜可以模拟出照相机镜头产生的折射光效果	
纤维	该滤镜可以使用前景色和背景色创建出编辑纤维的图像效果	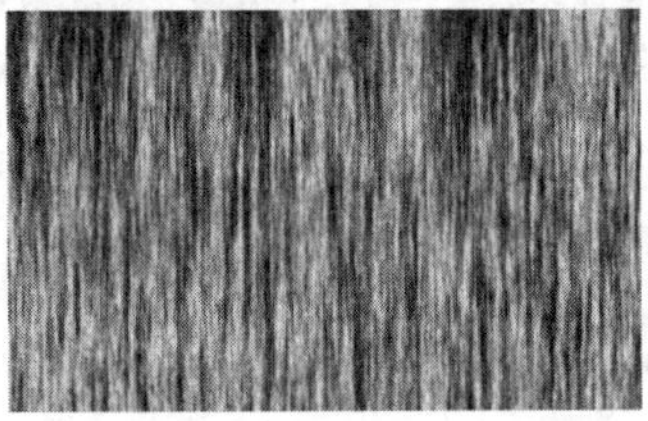

(续表)

滤镜名称	滤镜功能	滤镜效果
火焰	使用该滤镜前需要创建一条路径,选择该滤镜可以打开"火焰"对话框,然后设置火焰参数,即可沿着路径创建燃烧的火焰效果	
图片框	使用该滤镜可以打开"图案"对话框,在该对话框中可以选择预设的图案,即可在图像周边创建相应的边框效果	
树	使用该滤镜可以打开"树"对话框,在该对话框中可以选择树的种类,即可在图像中创建一颗相应的树	

14.2.12　锐化滤镜组

锐化滤镜组通过增加相邻图像像素的对比度,使模糊的图像变得清晰,画面更加鲜明、细腻。

1．锐化和进一步锐化

锐化滤镜可增加图像像素间的对比度,使图像更清晰;而进一步锐化滤镜和锐化滤镜功效相似,只是锐化效果更加强烈。

2．锐化边缘

锐化边缘滤镜通过查找图像中颜色发生显著变化的区域进行锐化。

3．USM 锐化

使用 USM 锐化滤镜将在图像中相邻像素之间增大对比度,使图像边缘清晰。选择"USM锐化"命令,打开"USM 锐化"对话框,可以设置锐化的参数,如图 14-11 所示。

4．智能锐化

智能锐化滤镜比 USM 锐化滤镜更加智能化。可以设置锐化算法或控制在阴影和高光区域中进行的锐化量,以获得更好的边缘检测并减少锐化晕圈。选择"智能锐化"命令,打开"智能锐化"对话框,设置参数后可以在其左侧的预览框中查看图像效果。展开"阴影/高光"选项组,可以设置阴影和高光参数,如图 14-12 所示。

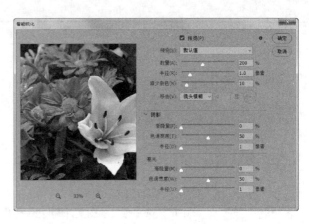

图 14-11　设置锐化参数　　　　　　　　　　图 14-12　智能锐化滤镜

14.2.13　课堂案例——制作纹理抽象画

本实例将结合使用多种滤镜，制作一个带有纹理的抽象画，练习滤镜的应用方法，实例效果如图 14-13 所示。

图 14-13　实例效果

实例分析

本实例首先复制图层，并为其添加风格化组中的滤镜，通过图层混合模式，得到特殊图像效果；再通过滤镜库中的命令，制作纹理效果。整个制作过程较为简单，重点应掌握滤镜对话框中不同的参数设置对图像产生的不同效果。

操作步骤

(1) 打开 "素材\第 14 章\捧花美女.jpg" 图像，如图 14-14 所示，下面将使用滤镜命令对图像制作纹理抽象画效果。

(2) 按 Ctrl+J 组合键复制背景图层，得到图层 1，如图 14-15 所示。

图 14-14　打开素材图像

图 14-15　复制背景图层

(3) 选择"滤镜"|"风格化"|"查找边缘"命令，将得到图像边缘效果，如图 14-16所示。

(4) 选择"滤镜"|"风格化"|"扩散"命令，打开"扩散"对话框，选择"模式"为"变暗优先"，如图 14-17 所示。

图 14-16　"查找边缘"效果

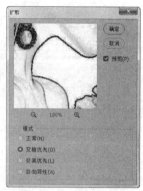

图 14-17　"扩散"滤镜

(5) 单击"确定"按钮，得到添加滤镜后的图像效果，如图 14-18 所示。

(6) 选择背景图层，按 Ctrl+J 组合键复制背景图层，并将得到的背景拷贝图层放到最上层，如图 14-19 所示。

图 14-18　滤镜效果

图 14-19　复制图层

(7) 设置背景拷贝图层的图层混合模式为"点光"，图像与下一层图像内容融合，效果如图 14-20 所示。

(8) 复制一次背景图层，将其放到"图层"面板最上层，如图 14-21 所示。

图 14-20　图层混合模式效果　　　　　　　　图 14-21　复制图层

(9) 选择"滤镜"|"滤镜库"命令，打开"滤镜库"对话框，选择"艺术效果"|"粗糙蜡笔"命令，然后设置各项参数，如图 14-22 所示。

(10) 单击"确定"按钮，得到模糊图像，效果如图 14-23 所示。

图 14-22　粗糙蜡笔　　　　　　　　　　　　图 14-23　图像效果

(11) 在"图层"面板中设置该图层混合模式为"深色"、"不透明度"为 60%，如图 14-24 所示，完成本实例的制作，效果如图 14-25 所示。

图 14-24　设置图层属性　　　　　　　　　　图 14-25　图像效果

14.3 特殊滤镜的应用

在 Photoshop 中，除了前面介绍的常见滤镜外，还包括液化、消失点、镜头校正和 Camera Raw 等特殊滤镜。下面分别介绍这些滤镜的具体作用和使用方法。

14.3.1 液化滤镜

使用液化滤镜可以使图像产生扭曲效果，用户可以自定义图像扭曲的范围和强度，还可以将调整好的变形效果存储起来以便以后使用。

选择"滤镜"|"液化"命令，打开"液化"对话框，该对话框的左侧为工具箱，中间为预览图像窗口，右侧为参数设置区，如图 14-26 所示。

图 14-26 "液化"对话框

"液化"对话框中左侧各个工具的作用如下。

- 向前变形工具：在预览框中单击并拖动鼠标可以使图像中的颜色产生流动效果。在对话框右侧的"大小"、"浓度"、"压力"和"速率"框中可以设置笔头样式。
- 重建工具：可以对图像中的变形效果进行还原操作。
- 平滑工具：可以对图像平滑地变形。
- 顺时针旋转扭曲工具：在图像中按住鼠标左键不放，可以使图像产生顺时针旋转效果。
- 褶皱工具：拖动鼠标图像将产生向内压缩变形的效果。
- 膨胀工具：拖动鼠标图像将产生向外膨胀放大的效果。
- 左推工具：拖动鼠标图像中的像素将发生位移变形效果。

- 冻结蒙版工具 ![icon]：用于将图像中不需要变形的部分保护起来，被冻结区域将不会受到变形的处理。
- 解冻蒙版工具 ![icon]：用于解除图像中的冻结部分。
- 脸部工具 ![icon]：可以自动辨识眼睛、鼻子、嘴巴及其他脸部特征，让用户轻松完成相关调整。适用于修饰人像照片、创建讽刺画效果等。
- 抓手工具 ![icon]：用于在对话框中平移图像。
- 缩放工具 ![icon]：用于在对话框中缩放图像的显示效果。

【练习 14-2】制作熔化的金属。

(1) 打开"金条.jpg"图像文件，选择"滤镜"|"液化"命令，打开"液化"对话框，效果如图 14-27 所示。

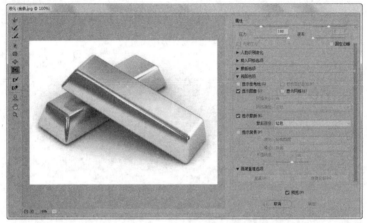

图 14-27 "液化"对话框

(2) 选择顺时针旋转扭曲工具 ![icon]，然后将鼠标指针放到图像中，按住鼠标进行拖动，效果如图 14-28 所示。

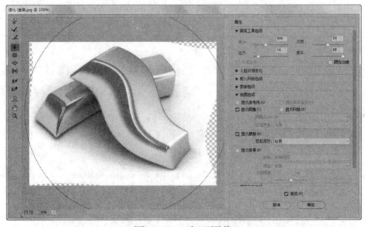

图 14-28 变形图像

(3) 选择向前变形工具 ，然后将鼠标指针放到金条图像边角处，按住鼠标进行拖动，效果如图14-29所示。

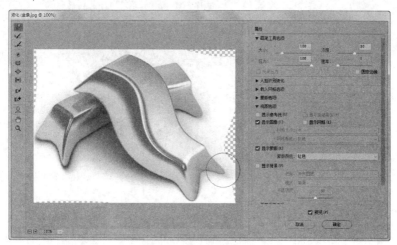

图14-29 拖动图像边角

(4) 在"液化"对话框中单击"确定"按钮，完成液化滤镜的操作，得到的效果如图14-30所示。

图14-30 液化处理后的效果

注意：

在"液化"对话框中使用工具应用变形效果后，单击右侧的"恢复全部"按钮，可以将图像恢复到原始状态。

14.3.2 消失点滤镜

选择"滤镜"|"消失点"命令，打开"消失点"对话框，如图14-31所示，可以在图像中自动应用透视原理，按照透视的角度和比例来自动适应图像的修改，从而大大节约精确设计和修饰照片所需的时间。

图 14-31　"消失点"对话框

"消失点"对话框中主要工具的作用如下。

- 创建平面工具<img>：打开"消失点"对话框时，该工具为默认选择工具，在预览框中不同的位置单击 4 次，可创建一个透视平面，如图 14-32 所示，在对话框顶部的"网格大小"下拉列表框中可设置显示的密度。
- 编辑平面工具<img>：选择该工具可以调整绘制的透视平面，调整时拖动平面边缘的控制点即可，如图 14-33 所示。

图 14-32　创建透视平面

图 14-33　调整透视平面

- 图章工具<img>：该工具与工具箱中的仿制图章工具一样，在透视平面内按住 Alt 键并单击图像可以对图像取样，然后在透视平面其他地方单击，可以将取样图像进行复制，复制后的图像与透视平面保持一样的透视关系。

14.3.3　镜头校正滤镜

使用镜头校正滤镜可以修复常见的镜头瑕疵，如桶形和枕形失真、晕影和色差，该滤镜在 RGB 或灰度模式下只能用于 8 位/通道和 16 位/通道的图像。

【练习 14-3】校正图像镜头。

(1) 打开素材图像"鸟.jpg"，如图 14-34 所示，下面将使用"镜头校正"滤镜对图像进行镜头校正。

(2) 选择"滤镜"|"镜头校正"命令，打开"镜头校正"对话框，如图 14-35 所示。

图 14-34　打开素材图像

图 14-35　"镜头校正"对话框

(3) 选择"自动校正"选项卡，用户可以设置校正选项，在"边缘"下拉列表中可以选择一种边缘方式，如图 14-36 所示。

(4) 在"搜索条件"选项组中设置相机的品牌、型号和镜头型号，如图 14-37 所示。

图 14-36　设置选项

图 14-37　设置相机型号

(5) 选择"自定"选项卡，可以精确地设置各项参数来校正图像，或制作特殊图像效果。例如，设置"移去扭曲"为 39、"垂直透视"为-32、"水平透视"为 15、"比例"为 90，如图 14-38 所示。

(6) 单击"确定"按钮，得到镜头校正效果，如图 14-39 示。

图 14-38　设置各选项参数

图 14-39　镜头校正效果

14.3.4　Camera Raw 滤镜

Camera Raw 滤镜主要用于调整数码照片。Raw 格式是数码相机的元文件，记录着感光部件接收到的原始信息，具备最广泛的色彩。

选择"滤镜"｜"Camera Raw 滤镜"命令，打开 Camera Raw 对话框，在该对话框中可以对图像进行色彩调整、变形、去除污点和去除红眼等操作，如图 14-40 所示。

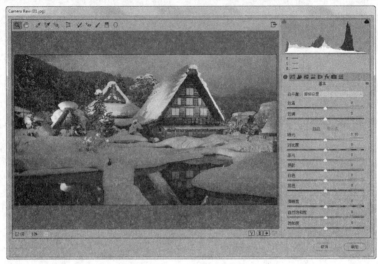

图 14-40　Camera Raw 对话框

【练习 14-4】去除照片中的游艇。

(1) 打开素材图像"桥.jpg"，如图 14-41 所示，下面将使用 Camera Raw 滤镜去除图像中的游艇。

(2) 选择"滤镜"｜"Camera Raw 滤镜"命令，打开 Camera Raw 对话框，选择污点去除工具，如图 14-42 所示。

图 14-41　打开素材图像　　　　　　图 14-42　选择污点去除工具

(3) 按住鼠标左键，使用污点去除工具涂抹游艇和水花图像，如图 14-43 所示。

(4) 松开鼠标，根据图像效果，适当移动替换图像的目标点，如图 14-44 所示。

图 14-43 涂抹图像

图 14-44 移动目标点

(5) 在 Camera Raw 对话框中取消选中 "显示叠加" 复选框，再次涂抹游艇图像，如图 14-45 所示。

(6) 选择目标调整工具 ，在对话框右方调整图像的色温、色调和对比度等参数，如图 14-46 所示。

(7) 单击 "确定" 按钮，完成图像的修复。

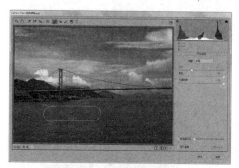

图 14-45 涂抹图像

图 14-46 调整图像效果

14.3.5 智能滤镜

应用于智能对象的任何滤镜都是智能滤镜，使用智能滤镜可以将已经设置好的滤镜效果重新编辑。

对图像应用智能滤镜，首先需要选择 "滤镜" | "转换为智能滤镜" 命令，将图层中的图像转换为智能图像，如图 14-47 所示，然后对该图层应用一个滤镜，此时在 "图层" 面板中将显示智能滤镜和添加的滤镜，如图 14-48 所示。单击 "图层" 面板中添加的滤镜对象，即可打开对应的滤镜对话框对该滤镜进行重新编辑。

图 14-47　转换为智能图层

图 14-48　应用智能滤镜

14.3.6　课堂案例——给照片人物瘦脸

在现今以"瘦"为美的时代，瘦脸也成了很多女性所向往的事。本实例将介绍如何使用液化滤镜，对照片中的人物面部进行瘦脸操作，实例效果如图 14-49 所示。

(a) 素材图像

(b) 瘦脸效果

图 14-49　实例效果

实例分析

本实例将制作人物瘦脸效果，首先打开"液化"对话框，然后分别使用向前变形工具、褶皱工具等对人物面部图像进行涂抹，最终达到瘦脸的目的。

操作步骤

(1) 打开"素材\第 14 章\卷发美女.jpg"图像，下面将使用液化滤镜对人物面部进行瘦脸处理。

(2) 选择"滤镜"|"液化"命令，打开"液化"对话框，单击褶皱工具▒，适当设置画笔的大小，然后在人物右侧脸部边缘单击鼠标，收缩脸部图像，如图 14-50 所示。

图 14-50 收缩脸部图像

(3) 使用同样的方法，收缩人物左侧的脸部图像，如图 14-51 所示。

图 14-51 收缩左侧脸部

(4) 选择向前变形工具，适当向内推动人物右侧的脸部边缘，效果如图 14-52 所示。

图 14-52 推动右侧脸部边缘

(5) 使用向前变形工具向内推动人物左侧的脸部边缘，如图 14-53 所示。

(6) 使用向前变形工具 ☑ 适当调整人物的脸部图像，然后单击"确定"按钮，完成人物的瘦身操作。

图 14-53　推动左侧脸部边缘

14.4　思考练习

1. 滤镜库整合了扭曲、画笔描边_____6 种滤镜组。

A. 素描、纹理、艺术效果和模糊

B. 模糊、纹理、艺术效果和风格化

C. 渲染、纹理、艺术效果和风格化

D. 素描、纹理、艺术效果和风格化

2. 在 Photoshop CC 2017 中，对图像应用滤镜后，如果效果不明显，可按_____组合键再次应用该滤镜。

A. Ctrl+F　　　　　B. Alt+Ctrl+F　　　　　C. Alt+F　　　　　D. Shift+Ctrl+F

3. 滤镜不能应用于_____和 16 位/通道图像。

A. 位图模式、索引颜色　　　　　B. RGB 模式、CMYK 模式

A. 索引模式、CMYK 模式　　　　　B. RGB 模式、位图模式

4. _____滤镜可以找出图像主要色彩的变化区域，使之产生用铅笔勾画过的轮廓效果。

A. 照亮边缘　　　　B. 查找边缘　　　　C. 墨水轮廓　　　　D. 喷色描边

5. 使用_____滤镜可以模拟风吹效果，为图像添加一些短而细的水平线。

A. 便条纸　　　　　B. 风　　　　　C. 彩色铅笔　　　　　D. 波纹

6. _____滤镜采用图像的主导色，用成角的、喷溅的颜色增加斜纹飞溅效果。

A. 照亮边缘　　　　B. 风　　　　　C. 彩色铅笔　　　　　D. 喷色描边

7. _____滤镜适用于高对比度图像，它可以模拟出撕破的纸片效果。

    A. 海洋波纹   B. 风   C. 撕边   D. 彩色铅笔

8. 使用_____滤镜可以模拟水波皱纹效果，常用来制作一些水面倒影图像。

    A. 波纹   B. 玻璃   C. 旋转扭曲   D. 彩色铅笔

9. 使用_____滤镜可以在图像中随机绘制出一个高凸现的龟裂纹理，并且产生浮雕效果。

    A. 龟裂缝   B. 颗粒   C. 浮雕   D.马赛克

10. 使用_____滤镜可以使图像中的像素形成方形块，并且使方形块中的颜色统一。

    A. 晶格化   B. 颗粒   C. 添加杂色   D.马赛克

11. 使用_____滤镜可以模拟出照相机镜头产生的折射光效果。

    A. 光照效果   B. 镜头光晕   C. 照亮边缘   D. 云彩

12. 使用_____滤镜可以使图像产生扭曲效果，用户可以自定义图像扭曲的范围和强度，还可以将调整好的变形效果存储起来以便以后使用。

    A. 消失点   B. 镜头校正   C. 旋转扭曲   D. 液化

13. Photoshop 的滤镜主要分为哪几部分？

14. 什么是智能滤镜？智能滤镜的作用是什么？

第 *15* 章

图像自动化处理

　　在 Photoshop 中如果需要对多个图像文件进行相同的处理，则可以使用动作和批处理功能对图像进行自动化编辑，从而提高工作效率。本章将学习动作及其应用范围的相关知识，以及批处理图像的操作方法。

15.1 使用"动作"面板

在 Photoshop 中,动作就是对单个文件或一批文件回放一系列命令的操作。在"动作"面板中可以创建、录制和播放动作。

15.1.1 认识"动作"面板

选择"窗口"|"动作"命令,打开"动作"面板,在该面板中可以快速地使用一些已经设定的动作,也可以新建一些自己设定的动作,如图 15-1 所示。

图 15-1 "动作"面板

"动作"面板中各个工具按钮的作用如下。

- 停止播放/记录 ■:单击该按钮,将停止动作的播放或记录。
- 开始记录 ●:单击该按钮,开始录制动作。
- 播放选定的动作 ▶:单击该按钮,可以播放所选的动作。
- 创建新动作 ▣:单击该按钮,将弹出一个对话框,用于创建新的动作。
- 创建新组 ▣:单击该按钮,将弹出一个对话框,用于新建一个动作组。
- 删除 ▥:单击该按钮,将弹出一个对话框,提示用户是否要删除所选的动作。
- ☑ 按钮,用于切换项目开关。
- ▣ 按钮,用于控制当前所执行的命令是否需要弹出对话框。

15.1.2 新建动作

用户可以在"动作"面板中新建一些动作,以方便今后使用。在 Photoshop 中,大多数命令和工具操作都可以记录在动作中。

【练习 15-1】新建一个调整色彩的动作。

(1) 打开一幅素材图像,如图 15-2 所示。

(2) 打开"动作"面板,单击"动作"面板下方的"创建新动作"按钮 ▣,如图 15-3 所示。

图 15-2　打开素材图像

图 15-3　单击"创建新动作"按钮

(3) 在打开的"新建动作"对话框中为动作命名，然后单击"记录"按钮，如图 15-4 所示，即可在"动作"面板中新建一个动作，并开始录制接下来的操作，如图 15-5 所示。

图 15-4　新建动作

图 15-5　生成新动作

(4) 选择"图像"|"调整"|"色彩平衡"命令，打开"色彩平衡"对话框，适当调整图像的色彩，如图 15-6 所示。

(5) 单击"确定"按钮，得到的图像效果如图 15-7 所示。

图 15-6　调整色彩

图 15-7　图像效果

(6) 此时"动作"面板中将记录下调整图像色彩的操作，如图 15-8 所示。

(7) 选择"图像"|"调整"|"亮度/对比度"命令，打开"亮度/对比度"对话框，适当调整图像的亮度和对比度，然后进行确定，如图 15-9 所示。

(8) 在"动作"面板中将继续记录下调整图像亮度和对比度的操作，单击"停止播放/记录"按钮■，即可停止并完成操作录制，如图 15-10 所示。

图 15-8　记录操作

图 15-9　"亮度/对比度"对话框

图 15-10　停止记录

15.1.3 新建动作组

当"动作"面板中的动作过多时，为了方便对动作进行查找和使用，用户可以创建一个动作组来对动作进行分类管理。

【练习 15-2】新建一个动作组。

(1) 打开任意一幅素材图像。

(2) 打开"动作"面板，单击"动作"面板底部的"创建新组"按钮，打开"新建组"对话框，对新建组进行命名，如图 15-11 所示。

(3) 单击"确定"按钮，即可在"动作"面板中创建一个相应的新动作组，如图 15-12 所示。

图 15-11　命名新建组　　　　　　　　图 15-12　新建动作组

(4) 单击"动作"面板下方的"创建新动作"按钮，在打开的"新建动作"对话框中为动作命名，然后单击"记录"按钮，如图 15-13 所示。即可在当前动作组中新建一个动作，如图 15-14 所示。

图 15-13　"新建动作"对话框　　　　　　图 15-14　创建新动作

(5) 选择"图像"|"图像大小"命令，对图像大小进行调整，在"动作"面板中将录制下调整图像大小的操作，如图 15-15 所示。

(6) 选择前面创建的"调整色彩"动作，然后将其拖动到新建的动作组中，可以将其放在该动作组中进行管理，如图 15-16 所示。

图 15-15　录制调整图像大小的操作

图 15-16　重新管理动作

15.1.4　执行动作

在"动作"面板中选择一种动作后，可以将该动作中的操作应用到其他图像上，也可以在创建并录制好动作后，将该动作中的操作应用到其他的图像上。

【练习 15-2】在图像上执行"水中倒影"动作。

(1) 打开"雪山.jpg"图像文件作为需要应用动作的图像，如图 15-17 所示。

(2) 在图像中输入文字，将文字移到水面上，并选择文字层作为当前图层，如图 15-18 所示。

图 15-17　打开素材图像

图 15-18　创建文字

(3) 在"动作"面板中选择"水中倒影(文字)"作为需要应用到该图像上的动作，然后单击"播放选定的动作"按钮 ▶，如图 15-19 所示，即可将该动作应用到当前图层的文字对象上，效果如图 15-20 所示。

图 15-19　选择动作播放

图 15-20　图像效果

15.2 编辑动作

在创建和记录新的动作后，用户还可以根据处理图像的需要，对这些动作中的操作进行重新编辑。

15.2.1 添加动作项目

在完成动作的创建和记录后，用户可以在"动作"面板中使用"插入菜单项目"命令，在指定的动作中添加动作项目。

【练习15-2】在"调整色彩"动作中添加"色阶"项目。

(1) 打开"动作"面板，选择前面创建的"调整色彩"动作，如图15-21所示。

(2) 单击"动作"面板右上角的 ▤ 按钮，在弹出的菜单中选择"插入菜单项目"命令，如图15-22所示。

图15-21 选择动作　　　　　　图15-22 选择命令

(3) 打开"插入菜单项目"对话框，并保持对话框的显示状态，如图15-23所示。

(4) 选择"图像"|"调整"|"色阶"命令，此时在"插入菜单项目"对话框将显示添加的"色阶"项目，如图15-24所示。

图15-23 "插入菜单项目"对话框　　　　　图15-24 添加"色阶"项目

(5) 单击"确定"按钮，即可将"色阶"项目插入当前动作中，如图15-25所示。

(6) 双击"动作"面板中的"色阶"选项，打开"色阶"对话框进行色阶编辑，然后单击"确定"按钮，完成动作项目的添加，如图15-26所示。

图 15-25　插入动作项目

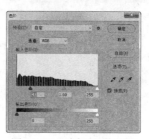

图 15-26　编辑动作项目

15.2.2　复制动作

当用户对整个操作过程录制完成后，还可以在"动作"面板中对动作进行复制。选择需要复制的动作，按住鼠标左键将该动作拖至"创建新动作"按钮 🗐 上，如图 15-27 所示。然后松开鼠标，即可在"动作"面板中得到复制的动作，如图 15-28 所示。

图 15-27　拖动需要复制的动作

图 15-28　复制的动作

15.2.3　删除动作

完成动作的录制后，如果发现有不需要的动作，可以在"动作"面板中将该动作删除。在"动作"面板中选择需要删除的动作，然后单击面板底部的"删除"按钮 🗑️，如图 15-29 所示，弹出一个提示对话框，单击"确定"按钮即可将该动作删除，如图 15-30 所示。

图 15-29　单击"删除"按钮

图 15-30　删除动作提示

15.3　批处理图像

Photoshop 提供的自动批处理功能，允许用户对某个文件夹中的所有文件按批次输入并自动执行动作，给用户带来了极大的方便，也大幅度地提高了处理图像的效率。

选择"文件"|"自动"|"批处理"命令，打开"批处理"对话框，在此可以设置批处

理对象的位置和结果，如图 15-30 所示。

图 15-30　"批处理"对话框

"批处理"对话框中常用选项的作用如下。

- 组：在该下来列表框中可以选择所要执行的动作所在的组。
- 动作：选择所要应用的动作。
- 源：用于选择批处理图像文件的来源。
- 目标：用于选择处理文件的目标。选择"无"选项，表示不对处理后的文件做任何操作；选择"存储并关闭"选项，可将文件保存到原来的位置，并覆盖原文件；选择"文件夹"选项，然后单击下面的"选择"按钮，可以选择目标文件所保存的位置。
- 文件命名：在"文件命名"选项组中的 6 个下拉列表框中，可以指定目标文件生成的命名规则。
- 错误：在该下拉列表框中可指定出现操作错误时的处理方式。

【练习 15-2】对多个图像进行四分颜色批处理。

(1) 在计算机中创建一个用于存储批处理素材图像的文件夹(如"批处理结果")，如图 15-31 所示。

(2) 打开"动作"面板，选择"四分颜色"动作，如图 15-32 所示。

图 15-31　创建文件夹

图 15-32　选择动作

(3) 选择"文件"|"自动"|"批处理"命令，打开"批处理"对话框，"动作"选项将自动选择"动作"面板选中的"四分颜色"动作，如图 15-33 所示。

图 15-33   "批处理"对话框

(4) 在"源"选项组中单击"选择"按钮，在弹出的对话框中选择需要处理的图片文件夹，选择的文件夹如图 15-34 所示。

(5) 单击"目标"右侧的三角形按钮，在其下拉列表框中选择"文件夹"，然后单击"选择"按钮，在弹出的对话框中选择存储批处理图像结果的文件夹，选择的文件夹如图 15-35 所示。

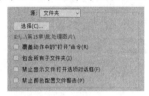

图 15-34   选择源文件位置

图 15-35   设置目标文件夹

(6) 设置好选项后，单击"确定"按钮，然后逐一将处理的文件进行保存。

(7) 打开用于存储目标文件的文件夹，即可查看批处理后的文件，如图 15-36 所示。

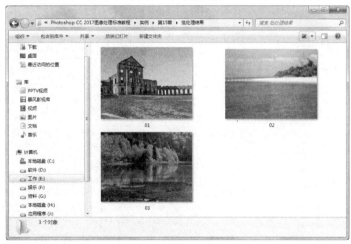

图 15-36   批处理后的文件

15.4   思考练习

1. 在"动作"面板中，单击＿＿＿＿＿＿＿＿按钮，开始录制动作。

A. 停止播放/记录   B. 开始记录

C. 创建新动作 　　　　　　　　　　D. 播放选定的动作

2. 当"动作"面板中的动作过多时，为了方便对动作进行查找和使用，用户可以创建一个_____来对动作进行分类管理。

A. 动作组 　　　　　　　　　　B. 记录组

C. 文件夹 　　　　　　　　　　D. 面板

3. 在 Photoshop 中，动作是指什么？

4. Photoshop 提供的自动批处理的功能是什么？

第**16**章

Photoshop综合案例

前面学习了 Photoshop 的基础知识和核心功能等内容。对于初学者而言，将 Photoshop 应用到图像设计的实际案例中还比较陌生。本章将通过典型的案例来讲解图像设计的具体操作及流程，帮助初学者掌握 Photoshop 在实际设计工作中的应用，达到举一反三的效果，为以后的图像设计工作打下良好的基础。

16.1 数码照片处理

随着生活水平的提高，人们外出游玩拍照便成为一种常态。但是为了处理一些照片上的瑕疵，或是制作出令人满意的艺术效果，还需要对拍摄的照片进行调整、美化等处理。下面介绍数码照片处理的注意事项和制作艺术照片的案例应用。

16.1.1 数码照片处理注意事项

照片的拍摄只是一个开始，很多照片还需要进行后期制作，特别是个人艺术照、婚纱照等重要的照片，更是离不开照片的后期处理。例如，拍摄一套婚纱照，如果不经过很好的处理与制作，不仅会花不少的冤枉钱，还会浪费不少的时间和精力。

1. 照片细节

在挑选照片时，不仅仅是单纯地选照片，更要看看细节上是否存在问题，例如头发、牙齿、肤色、鞋子等，如果拍摄出来的效果不满意，要及时进行修改。千万别看着照片漂亮，一时得意而忘记检查，等到稀里糊涂处理完后，才发现存在问题，前面所做的工作就白费了。

2. 照片文字

在如今的照片设计中，常常会出现一些外文词汇，如英文、韩文、法文等。这确实能让婚礼洋气不少，对于这些文字，很少有新人会进行仔细检查。可是要知道，如果不了解那些单词的意义，或是没有及时检查出文字的内容是否存在错误，是否有些语法上的歧义、甚至是否是商业广告，一不留神让它永远留在了相册上，被别人识别出来就避免不了出现尴尬的场面了。

3. 照片效果

在后期的修饰中，很多人在要求后期制作的时候要求会比较苛刻，导致最后修饰出来的照片基本上就不是自己本人了。这怎么行呢，特别是婚纱照，作为人们一辈子的纪念，当然要保留他们最自然的一面。所以，一些身材外貌上的不足，让一些光线或是头饰道具掩饰一下即可。

16.1.2 制作儿童艺术照效果

实例效果

本实例将以拍摄的照片为基础，通过调整照片大小、色彩、添加素材和合成图像等操作，制作儿童艺术照效果，实例完成后的效果如图 16-1 所示。

图 16-1　实例效果

实例分析

在制作本例儿童艺术照的过程中，可以先调整照片的大小和色彩，以达到需要的效果，然后选择一幅背景图像，将照片添加到背景图像中。为了将照片更好地融入到背景图像中，可以应用羽化照片边缘或编辑蒙版等方法。在合成照片后，还可以使用图层样式或滤镜功能增加图像的效果。最后为照片添加具有艺术效果的文字内容。

操作过程

根据对本例照片的处理分析，可以将其分为 4 个部分进行讲解，包括调整照片、应用蒙版处理照片、合成照片和添加文字等，具体操作如下。

1. 调整照片大小和色彩

(1) 启动 Photoshop 应用程序，按 Ctrl+O 组合键，打开"照片 1.jpg"素材文件，如图 16-2 所示。

(2) 选择"图像"|"图像大小"命令，打开"图像大小"对话框，设置图像的大小并确定，如图 16-3 所示。

图 16-2　素材图像　　　　　　　　　图 16-3　设置图像大小

(3) 选择"图像"|"调整"|"亮度/对比度"命令，打开"亮度/对比度"对话框，设置图像的亮度并确定，如图 16-4 所示，得到的效果如图 16-5 所示。

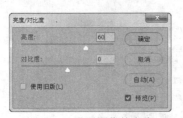

图 16-4　设置图像的亮度　　　　　　　　　　图 16-5　图像亮度效果

(4) 选择"图像"|"调整"|"色相/饱和度"命令，打开"色相/饱和度"对话框，设置图像的饱和度并确定，如图 16-6 所示，得到的效果如图 16-7 所示。

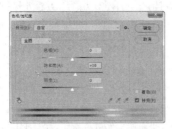

图 16-6　设置图像的饱和度　　　　　　　　　图 16-7　图像饱和度效果

2. 应用蒙版处理照片

(1) 按 Ctrl+O 组合键，打开"艺术背景.jpg"素材文件，如图 16-8 所示。

(2) 将调整大小和色彩后的照片拖入到当前的背景图像中，如图 16-9 所示。

图 16-8　打开背景图像　　　　　　　　　　　图 16-9　拖入照片

(3) 在"图层"面板中选择照片所在的图层，然后单击"图层"面板底部的"添加图层蒙版"按钮 ▣，如图 16-10 所示。

(4) 使用画笔工具在儿童图像的周围进行涂抹，隐藏人物边缘的图像，如图 16-11 所示。

图 16-10　添加图层蒙版　　　　　　　　　　　图 16-11　隐藏人物背景图像

3. 合成照片效果

(1) 打开"照片 2.jpg"、"照片 3.jpg"和"花纹.psd"素材文件，如图 16-12、图 16-13 和图 16-14 所示。

图 16-12　照片 2

图 16-13　照片 3

图 16-14　花纹图像

(2) 使用移动工具将照片 2 拖动到当前编辑的图像中，如图 16-15 所示。

(3) 按 Ctrl+T 组合键，然后适当调整照片大小，效果如图 16-16 所示。

图 16-15　添加照片 2

图 16-16　调整照片大小

(4) 选择"图层"|"图层样式"|"外发光"命令，打开"图层样式"对话框，设置外发光的颜色为白色，然后设置不透明度、扩展和大小等参数，如图 16-17 所示。得到的照片外发光效果如图 16-18 所示。

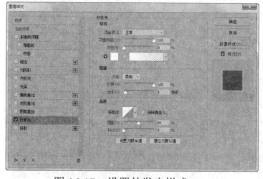
图 16-17　设置外发光样式

图 16-18　照片外发光效果

(5) 在"图层样式"对话框左侧列表中选中"投影"复选框，然后设置投影的不透明度、扩展和大小等参数，如图 16-19 所示。

(6) 单击"确定"按钮，得到的照片投影效果如图 16-20 所示。

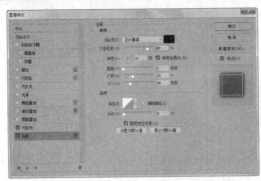
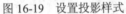

图 16-19　设置投影样式

图 16-20　照片投影效果

(7) 使用同样的方法，将照片 3 拖动到当前编辑的图像中，然后调整照片的大小，并设置照片的图层样式，效果如图 16-21 所示。

(8) 将花纹图像拖动到当前编辑的图像中，然后适当调整花纹图像的位置，效果如图 16-22 所示。

图 16-21　添加并设置照片

图 16-22　添加花纹图像

4. 添加照片文字

(1) 在工具箱中选择横排文字工具 T，在画面中输入文字，然后设置文字的字体为 Fiolex Girls、大小为 36、颜色为白色，并适当调整文字的位置，效果如图 16-23 所示

(2) 使用矩形选框工具在画面上方绘制一个矩形选区，然后将选区填充为黑色，效果如图 16-24 所示。

(3) 按 Ctrl+D 组合键取消选区，然后对图像进行保存，完成本实例的制作。

图 16-23　添加文字效果

图 16-24　绘制并填充选区

16.2　平面广告设计

任何一个成功的设计师，在掌握软件技术的同时，还需要对平面设计相关知识有一定的了解。下面介绍平面设计的流程和构思等知识，再结合实际的设计案例讲解 Photoshop 在平面广告设计中的应用。

16.2.1　平面设计的流程

平面设计的过程是有计划有步骤的渐进式不断完善的过程，设计的成功与否很大程度上取决于理念是否准确，考虑是否完善。设计之美永无止境，完善取决于态度。下面介绍设计的基本流程。

1. 设计调查

调查是了解事物的过程，设计需要的是有目的和完整的调查。背景、市场调查、行业调查、关于定位、表现手法等，调查是设计的开始和基础。

2. 设计内容

设计内容分为主题和具体内容两部分，这是设计师在进行设计前的基本材料。

3. 设计理念

构思立意是设计的第一步，在设计中思路比一切更重要。理念一向独立于设计之上。也许在你的视觉作品中传达出理念是最难的一件事。

4. 考虑视觉元素

在设计中基本元素相当于作品的构件，每一个元素都要有传递和加强传递信息的目的。真正优秀的设计师往往很"吝啬"，每动用一种元素，都会从整体需要出发去考虑。在一个版面之中，构成元素可以根据类别来进行划分。

5. 选择表现手法

在视觉产品泛滥的今天，要想把受众打动并非易事，更多的视觉作品已被人们的眼睛自动地忽略掉了。要把信息传递出去有 3 种方法。一种方法是完整完美地以传统美学去表现的设计方式，会被受众欣赏阅读并记住。第二种方法是用新奇的或出其不意的方式可以达到。第三种方法是疯狂的广告投放量，进行地毯式地强行轰炸。

6. 选择设计风格

作为设计师有时是反对风格的，固定风格的形成意味着自我的僵死，但风格同时又是一个设计师性格、喜好、阅历、修养的反映，也是设计师成熟的标志。

7. 设计制作

确定好前面几个流程后，就可以开始进行设计制作了，这一部分包括图形、字体、内文、色彩、编排、比例、出血等。

16.2.2　平面设计的构思法

平面设计是创造性的脑力劳动，但在设计时也应遵循一定的规范，才能达到事半功倍的效果。

1. 直接与间接展示法

直接展示法是运用摄影或绘画等方式，将广告信息直接展示在广告画面中，以直观的方式表现广告产品，使消费者对广告所宣传的产品产生亲切感，如图 16-25 所示。间接展示法比直接展示法含蓄，它一般不直接展示产品形象，而是赋予产品某种寓意，诱使消费者产生想象的空间，以达到某种共鸣，如图 16-26 所示。

图 16-25　直接展示法　　　　　　　　　　图 16-26　间接展示法

2. 夸张法

对所宣传的产品的品质或特点进行夸张，使消费者对该产品记忆深刻，达到强调产品特性的目的，如图 16-27 所示。

3. 幽默诙谐法

幽默是一种艺术，把这种艺术运用到广告中，是大众非常容易接受的一种宣传方式。抓住人或物的某些特性，运用诙谐的方式表现出来，能够很容易与消费者达成某种共鸣。

4. 突出主题法

把产品的主题置于画面中醒目的视觉中心加以强调，使消费者能立刻感受到产品特点并激发购买欲望，如图 16-28 所示。

图 16-27　夸张法

图 16-28　突出主题法

5. 借用比喻法

将两个不相同的对象放在一起，找出它们类似的共通点，进行比喻，可延伸视觉效果，如图 16-29 所示。

6. 版面求新法

打破常规的版面构成，形成强烈的视觉冲击力，如图 16-30 所示。

图 16-29　借用比喻法

图 16-30　版面求新法

16.2.3　制作店销宣传广告

实例效果

在平面广告设计中，店销宣传广告是最为常见的广告之一。本实例将以餐饮广告为例，介绍店销宣传广告设计的具体操作，实例完成后的效果如图 16-31 所示。

图 16-31　实例效果

实例分析

在制作本例平面广告设计图的过程中所涉及的图像对象比较多，因此本例操作中，需要注意以下几点。

(1) 首先要考虑设计图的印刷纸张大小，本例选用 16 开的纸张，因此在新建文档时，设置的文档宽度为 26 厘米、高度为 18.4 厘米。

(2) 要考虑在设计图中合理分布图像元素所占的区域，使整个画面更美观。

(3) 在制作和处理图像时，应该根据图像的独立性创建各个需要的图层，以方便对各个图像进行编辑。

(4) 当图层过多时，还应该对相同类型的图层进行编组，便于在编辑图像时进行对象的查找。

(5) 在绘制图像时，应该根据需要合理选用选区工具、矢量工具或路径工具，快速准确地绘制所需要的图像。

操作过程

根据对本例平面广告的设计分析，可以将其分为 4 个部分进行讲解，包括创建背景图像、创建造型图像、添加设计文字和制作优惠券等，具体操作如下。

1. 创建背景图像

(1) 启动 Photoshop 应用程序，按 Ctrl+N 组合键，打开"新建文档"对话框，对文档进行命名，设置文档的宽度为 26 厘米、高度为 18.4 厘米，然后单击"创建"按钮，如图 16-32 所示。

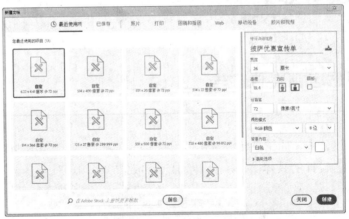

图 16-32　设置新建文档参数

(2) 按 Ctrl+O 组合键，打开"披萨.jpg"素材文件，将其中的图像拖动到新建的文档中，如图 16-33 所示。

(3) 选择工具箱中的矩形选框工具，拖动鼠标框选图像中的木纹，如图 16-34 所示。

图 16-33　添加素材图像　　　　　　　　图 16-34　框选木纹图像

(4) 按 Ctrl+T 组合键对选区及图像进行变形操作，向左方拖动变形框的左边框，使木纹图像延伸到图像的左边缘，如图 16-35 所示。

(5) 按 Enter 键完成选区变形操作，按 Ctrl+D 组合键取消选区，效果如图 16-36 所示。

图 16-35　对选区及图像进行变形　　　　　图 16-36　变形后的木纹效果

(6) 选择工具箱中的矩形选框工具，在工具属性栏中设置"样式"为"固定大小"，设置"宽度"为 26 厘米、"高度"为 5 厘米，然后在图像下方单击鼠标，即可在图像下方创建一个指定大小的矩形选区，如图 16-37 所示。

(7) 设置前景色为土黄色(R212、G160、B15)，然后按 Alt+Delete 组合键使用前景色填充选区，再按 Ctrl+D 组合键取消选区，效果如图 16-38 所示。

图 16-37　创建固定大小的选区　　　　　　图 16-38　填充选区颜色

2. 创建造型图像

(1) 设置前景色为黄色(R239、G190、B30)，选择工具箱中的矩形工具 ▣ ，在工具属性栏中选择工具模式为"形状"，然后在图像左上方绘制一个长度为 105 像素的矩形图像，如图 16-39 所示。

(2) 按住 Alt 键，然后向右拖动绘制的矩形图像，对其进行复制，如图 16-40 所示。

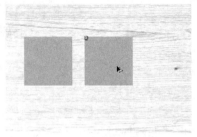

图 16-39　绘制矩形图像　　　　　　　　图 16-40　复制矩形图像

(3) 选择左方矩形图像所在的图层，然后按 Ctrl+T 组合键对其进行变形操作，拖动变形框的边角，对图像进行适当旋转，效果如图 16-41 所示，然后 Enter 键完成变形操作。

(4) 选择右方矩形图像所在的图层，然后按 Ctrl+T 组合键对其进行适当旋转，并调整图像的位置，效果如图 16-42 所示，然后按 Enter 键完成变形操作。

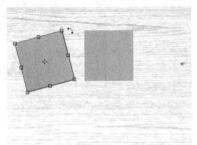
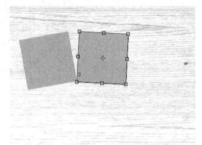

图 16-41　旋转矩形图像　　　　　　　　图 16-42　旋转并移动图像

(5) 新建一个图层，然后选择工具箱中的多边形套索工具，参照图 16-43 所示的效果绘制一个三角形选区。

(6) 设置前景色为土黄色(R212、G160、B15)，然后按 Alt+Delete 组合键使用前景色填充选区，再按 Ctrl+D 组合键取消选区，效果如图 16-44 所示。

图 16-43　绘制三角形选区　　　　　　　图 16-44　填充选区颜色

(7) 设置前景色为深棕色(R96、G67、B58)，使用矩形工具在图像中绘制一个长度为 105

像素的矩形图像，然后对其进行复制，效果如图 16-45 所示。

(8) 通过按 Ctrl+T 组合键对两个矩形分别进行旋转，并适当调整两个矩形的位置，效果如图 16-46 所示。

图 16-45　绘制并复制矩形图像

图 16-46　旋转并移动矩形图像

(9) 新建 3 个图层，使用多边形套索工具分别在各个图层中绘制一个三角形选区，然后分别对选区填充土黄色(R212、G160、B15)和深棕色(R63、G37、B30)，效果如图 16-47 所示。

(10) 新建一个图层，将其命名为"多边形 1"，然后在图像左上方绘制一个小三角形选区，填充选区为黄色(R239、G190、B30)，如图 16-48 所示。

图 16-47　绘制并填充三角形选区

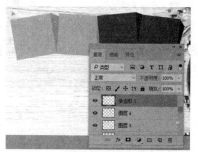

图 16-48　绘制并填充三角形选区

(11) 对小三角形所在的图层复制两次，并适当调整图像的大小、方向和位置，效果如图 16-49 所示。

(12) 新建一个图层，将其命名为"多边形 2"，然后在图像右上方绘制一个小三角形选区，填充选区为深棕色(R62、G36、B29)，如图 16-50 所示。

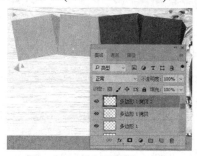

图 16-49　复制并编辑三角形

图 16-50　绘制并填充三角形选区

3. 添加设计文字

(1) 在工具箱中选择横排文字工具 **T**，在图像中单击鼠标，创建一个文字图层，并输入文字"米"，设置文字为黑色，再设置文字的字体和大小，效果如图 16-51 所示。

(2) 按 Ctrl+T 组合键对文字进行适当旋转，效果如图 16-52 所示。

图 16-51　创建文字

图 16-52　旋转文字

(3) 使用同样的方法，创建文字"琪"，并对齐进行旋转，效果如图 16-53 所示。

(4) 使用横排文字工具 **T** 分别创建"缤"、"纷"文字，设置文字颜色为黄色(R239、G190、B30)，然后适当旋转文字，效果如图 16-54 所示。

图 16-53　创建另一个文字

图 16-54　创建主题文字

(5) 使用横排文字工具 **T** 创建"意式披萨"文字，设置文字颜色为深棕色(R62、G36、B29)，然后设置文字的字体和大小，如图 16-55 所示。

(6) 使用横排文字工具创建 Italian pizza 文字，并修改文字的大小，如图 16-56 所示。

图 16-55　创建中文字

图 16-56　创建英文字

(7) 新建一个图层，选择工具箱中的多边形套索工具，在中文字和英文字边缘绘制一个多边形选区，如图 16-57 所示。

(8) 选择"编辑"|"描边"命令，打开"描边"对话框，设置描边宽度为 1.5 像素、颜色为深棕色(R62、G36、B29)、位置为"居中"，如图 16-58 所示。

图 16-57　绘制多边形选区

图 16-58　设置描边参数

(9) 单击"确定"按钮，完成选区的描边操作，然后取消选区，效果如图 16-59 所示。

(10) 使用横排文字工具创建价格文字，设置字体为 BookmanITC Lt BT、大小为 48，颜色为黄色(R239、G190、B30)，效果如图 16-60 所示。

图 16-59　描边多边形选区

图 16-60　创建价格文字

(11) 选择"图层"|"图层样式"|"描边"命令，在打开的"图层样式"对话框中设置描边大小为 1、描边颜色为黑色，如图 16-61 所示。

(12) 使用横排文字工具创建活动说明、地址和电话文字。活动说明标题、地址和电话文字为红色(R195、G42、B0)、大小为 20、字体为华文中宋；正文文字为黑色、大小为 18、字体为宋体，效果如图 16-62 所示。

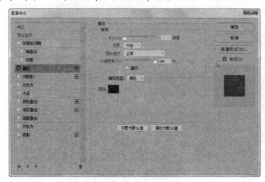

图 16-61　设置描边参数

图 16-62　创建其他文字

4. 制作优惠券

(1) 新建一个图层，命名为"优惠券造型"，然后参照图 16-63 所示的效果，使用钢笔工具 在图像左下方绘制一个多边形路径。

(2) 放大显示图像，然后在工具箱中选择转换点工具，参照图 16-64 所示的效果，对多边形路径的边角进行编辑。

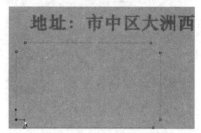

图 16-63　绘制多边形路径　　　　　　　　　图 16-64　编辑路径边角

(3) 设置前景色为棕色(R111、G40、B37)，然后切换到"路径"面板中，单击"用前景色填充路径"按钮●对路径进行填充，如图 16-65 所示，填充效果如图 16-66 所示。

图 16-65　单击填充按钮　　　　　　　　　　图 16-66　填充路径效果

(4) 按 Ctrl+T 组合键对路径进行变形操作，然后同时按住 Alt 和 Shift 键，向内拖动变形框的边角将路径向中心等比缩小，如图 16-67 所示。

(5) 设置前景色为白色。在工具箱中选择画笔工具，然后在工具属性栏中展开"画笔预设"面板，设置画笔的大小为 2、硬度为 100%，如图 16-68 所示。

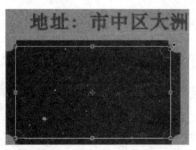

图 16-67　向中心等比缩小路径　　　　　　　图 16-68　设置画笔选项

(6) 切换到"路径"面板中，单击"用画笔描边路径"按钮○对路径进行描边，如图 16-69 所示，然后重复两次对路径进行描边，效果如图 16-70 所示。

(7) 对绘制造型的图层进行 3 次复制，然后参照图 16-71 所示的效果对各图层的图像进行排列。

(8) 使用横排文字工具创建优惠券文字内容，设置文字为黄色(R239、G190、B30)，并适当调整文字的字体和大小，效果如图 16-72 所示。

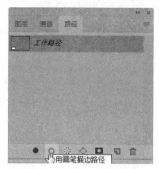

图 16-69 单击描边按钮

图 16-70 描边路径效果

图 16-71 复制并排列图像

图 16-72 创建文字内容

(9) 将创建的文字复制到各个造型图像内，并修改文字内容，效果如图 16-73 所示。

(10) 新建一个图层，使用直线工具 在优惠券图像上方绘制一条白色横线，效果如图 16-74 所示。

(11) 在"图层"面板中创建多个组，对各类图层进行编组分类，完成本例的制作。

图 16-73 复制并修改文字

图 16-74 绘制白色横线

16.3 思考练习

1. 在 Photoshop 中，打开文档的快捷键是_____。

A. Ctrl+ D   B. Ctrl+H   C. Ctrl+N   D. Ctrl+O

2. 在 Photoshop 中，新建文档的快捷键是_____。

A. Ctrl+ D   B. Ctrl+H   C. Ctrl+N   D. Ctrl+O

3. 创建选区后，按_____键可以取消选区。

A. Ctrl+D   B. Ctrl+H   C. Ctrl+N   D. Ctrl+O

4. 使用多边形工具绘制多边形图像，为什么绘制出来的是多边形路径？

5. 如何将路径以路径中心为基点进行等比例缩放操作？

6. 平面设计的基本流程是什么？